郦波

品

曾国藩教子

郦波◎著

中国出版集团　｜　全国百佳图书
中国民主法制出版社　｜　出版单位

图书在版编目（CIP）数据

郦波品曾国藩教子/郦波著.—北京：中国民主
法制出版社，2021.6
ISBN 978-7-5162-2366-6

Ⅰ.①郦… Ⅱ.①郦… Ⅲ.①家庭道德—中国—清代
Ⅳ.①B823.1

中国版本图书馆 CIP 数据核字（2020）第 258413 号

图书出品人： 刘海涛
出版统筹： 石　松
责任编辑： 张　婷

书　　名／郦波品曾国藩教子
作　　者／郦波　著

出版·发行／中国民主法制出版社
地址／北京市丰台区右安门外玉林里 7 号（100069）
电话／（010）63055259（总编室）63058068　63057714（营销中心）
传真／（010）63055259
http://www.npcpub.com
E-mail: mzfz@npcpub.com
经销／新华书店
开本／32 开　850 毫米 ×1168 毫米
印张／7.5　**字数**／115 千字
版本／2021 年 6 月第 1 版　2021 年 6 月第 1 次印刷
印刷／北京天宇万达印刷有限公司

书号／ISBN 978-7-5162-2366-6
定价／48.00 元

目录

前言

曾国藩一生不仅重视家庭教育，更擅于智慧地开展这一教育。

钱穆评价曾国藩，说其"算得上是一个标准的教育家"，《曾国藩家训》也被誉为"千古家训之首"。

近年来，我对曾国藩的教育理念进行了持续的思考，其结果就是把曾国藩的教育归纳为十个字，分别是"省、静、勤、和、诚、学、明、挺、趣、恒"。我将这十个字分为十讲，分别展开详细讲述，希望能把曾国藩教育思想的精华讲出来，并讲透彻。

这十个字，其实涵盖了教育的许多面向，但教育的旨归却只有一个，那就是"引导"。

引导孩子养成良好的行为习惯，引导孩子形成科学的思维习惯。最终，引导孩子找寻自己的人生价值，追求自己的人生理想。

教育不是灌输，强行浇灌的花朵不会绽放；教育也不是逼迫，棍棒之下早就出不了孝子；教育更不是为了弥补父母曾经的缺憾，每一代人有每一代人的机缘。

引导需要示范，行远胜于言。所以，曾国藩自己对儿子言传身教，对学生言传身教，并要求子辈对孙辈也言传身教。

引导需要尊重，内生的体会是最大的成长契机。所以，曾国藩一朝获得父亲的尊重，从此痛读"二十三史"；所以，李鸿章一日获得曾国藩的尊重，余生每日晨起。

引导需要信仰。精神的塔尖是信仰，有信仰的引导才有力量。曾国藩以儒学为信仰，毕生为之奋斗，也悉数传授子弟，所以子嗣延绵。

曾国藩被父亲引导，被师长引导，也被自己引导；曾国藩引导孩子，引导学生，也引导部下。

今天，我们从曾国藩的智慧里汲取力量；明天，希望我们的孩子能找寻到更深刻的价值，书写出更美好的人生，创造出更伟大的智慧。

世世代代，绵亘相传。

郦　波

辛丑春日

第一章

教育孩子，
首先要学会教育自己

爱身当如处子

《曾国藩文集》里有一段话，是他晚年时所说，读来很有意思。

他这段话大致的意思是说：作为一个儒生，其实我这个人没有什么长处，都是缺点，离《论语》中圣贤所提的人生要求差远了。但是，《论语》中有一句话让我觉得自己比一般人做得好。哪一句话呢？"吾日三省吾身"，就是儒家著名的"省身论"。

有趣之处在于，曾国藩还补充说：我之所以这一条做得好，不是因为我是儒生，而是因为这句话虽出自《论语》，但它并非孔子所说，而是我们曾家的老祖宗曾子所说。曾国藩能说出这样有意思的话，可见这个人其实很是风趣生动。他是活生生的一个人。

就"省身"这一条来讲，的确没有多少人可以做到曾国藩这个程度。他在教育孩子时也作如此要求。这也就是曾国藩教子的第一个方法："省"字法。

教育孩子最好的方法是什么呢？是示范。

《曾国藩家训》里有大量关于省身、爱身的论述，比如他说："防身当若御虏，一跌则全军败没；爱身当如处子，一失则万事瓦裂。"就是说爱惜自己的人生，就要像打仗一样，因为人生其实就是一场战役，输一步可能就会全面溃败。另外，儒家很重名节，外在环境已然很险恶，如果不爱惜自己的话，一不小心就会跌入万丈深渊。

比如周作人。

其实周作人很值得同情。他和他的哥哥鲁迅虽然有矛盾，但那是个人纠纷，单就才学而言，周作人并不逊于鲁迅，在某些方面，尤其是散文写作方面，甚至要强于鲁迅。而周作人的命运就转折于七七事变开始后。

当时抗日战争爆发，北大的学人都开始逃亡。北大后来与清华、南开联合组成了西南联大，时任北大校长蒋梦麟在逃亡前找到周作人说：周先生，我们辛辛苦苦这么多年积攒下来的图书、仪器、设备，万一毁于战火，损失非常大。你在日本留过学，又娶了位日本夫人，跟日本人关系比较好，你能不能留下来？说不定你能保住这批物品，等我们回来时，还有希望重新建校。

周作人最终留了下来，很大程度上就是这个原因。但是谁也不曾想到，留下后他被大势裹挟，身不由己，加上日本人早就对他心怀叵测，所以在民族危难之际，他一步走错后步步皆错，以至于最后事伪，名节荡然。

变节之事是周作人选择留京之初不曾料到的，这就是环境对人的压迫。大环境中，个人一旦小节有失，再被外在环境影响，就很难全身而退。

守心重于一切

实际上，与外在相比，更重要的是内在。

曾国藩讲，立身是根本。"大节一亏，终身不得为完人矣。"所谓"大节"，就是内心要有清醒的认识，要能驾驭自己，控制私欲与恶念。

汪精卫与袁世凯都是有大本事的人，但都没能驾驭好自己。

"慷慨歌燕市，从容作楚囚。引刀成一快，不负少年头。"这是汪精卫二十出头时写的诗。他刺杀清廷摄政王载沣失败，被捕后题诗于狱墙，何等壮志，何等潇洒！倘若那时他真殉于清兵刃下，毫无疑问将作为民国烈士为世人所铭记。

可惜，汪精卫没死。

古人有诗云："周公恐惧流言日，王莽谦恭未篡时。向使当初身便死，一生真伪复谁知？"这样的句子，放在汪精卫身上尤其契合。其实，汪精卫的最大心结就在他自己。他总以中山先生后第一人自恃，自认为是国民党的正统接班人，谁知北伐后蒋介石异军突起，迅速掌握党政军大权，自己只能屈居次位。他不甘居于人后，于是开始了与蒋的私人斗争，斗着斗着，私欲就盖过大节，也就渐渐地从"纪念碑"滑向了"耻辱柱"。这就是"大节一亏，终身不得为完人矣"的鲜活事例。

袁世凯也一样。

晚清名臣中，袁世凯排名很靠前，有能力、有魄力、有格局，难能可贵，曾极受李鸿章欣赏。驻防朝鲜时，他与日本人百般周旋，可谓占尽上风，对国家和民族也算尽心尽力。谁知后来受到蛊惑，总觉得自己有"皇帝命"，私欲起则大节退，从名臣坠向了国贼。这也是"大节一亏，终身不得为完人矣"的生动事例。

无论是汪精卫、袁世凯为私欲所惑，还是周作人为大环境所挟，只要自己白璧有瑕，不能守节持身，都可能留下终身无法弥补的遗憾。更重要的是，在人的一生中，外因裹挟和内欲作祟两种情形往往交织出现，这就更需要我们严守对内心的承诺。

因此，在曾国藩教子的"省"字法里，第一条就是防范危险；第二条则是立志。

一失足成千古恨

《曾国藩家训》里有一句话，叫"要与世间撑持事业，须先立定脚跟始得"。意思是，要想成就事业，须先立定脚跟。用样板戏里的词说，就是"要学那泰山顶上一青松"，不能做泰山顶上一棵葱。

为什么呢？

郑板桥的诗可解："立根原在破岩中。"意思是立根必须要扎实，无论内在外在，都要坚定。事实也证明，不坚定者，即使热闹一时，最终仍无法真正"与世长存"。

比如钱谦益。

钱谦益是明末江南知识分子的领袖，在文坛和民间都负有盛名，很是风光。清兵南下时，其妾柳如是劝他大节不能亏，准备与他一起投湖自尽。为国死节，杀身成仁，这是非常高尚的人生大节，是流芳千古的英雄之举。然而，船划到湖心，正准备起身时，钱谦益突然变卦，摸着湖水

说了一句"水凉甚"，意思是水太凉了，跳下去肯定难受，然后就硬拉着柳如是回到岸上。都到了求死关头，又不是沐浴更衣，居然还在乎水凉！从此，柳如是对他很是鄙夷。

待到清兵进城，强制剃发，髡发只剩一个辫子，叫"雉发髡辫"。这可是诛心之策，也是真正的汉奸主意。儒家文化讲究身体发肤受之父母，追求外在形式与内在精神的完全统一，衣冠文化特别重要。儒家认为：正人先正衣冠，意思是要想教一个人正直，先要让他把衣冠穿戴齐整；人死后找不到尸体也没关系，把衣服埋一埋，可以称为"衣冠冢"。可想而知，剃发之举是对中国知识分子从精神到人格的重大打击，以至于那时江南流传着"留发不留头，留头不留发"之说。

为了应对剃发政策，许多江南知识分子聚集在一起，把钱谦益也请了过来。这些人分成两派，有人宁死不剃头，有人则认为要明哲保身。吵得不可开交时，就征求钱谦益的意见。大家齐刷刷地望向这位曾经的东林党领袖、现今的文坛宗师，说：钱老大你就发句话吧！面对众人期待的目光，钱老大愣是半天没吭声，最后实在熬不住，挠挠头，吐了句"头皮痒甚"——头皮痒，你们先聊，我先去理个发！

回来后，头发剃了，辫子留了，柳如是更看不起他了。

柳如是真是一位了不起的女子。虽出身"扬州瘦马"，但极有气节。国学大师陈寅恪先生晚年穷尽十年之功，写了一部八十余万字的《柳如是别传》。很多人不理解：陈寅恪那么大的学问，为什么要花如此工夫为柳如是写别传？

关键就在"气节"二字。

陈寅恪先生这样写道："夫三户亡秦之志，九章哀郢之辞，即发自当日之士大夫，犹应珍惜引申……何况出于婉娈倚门之少女，绸缪鼓瑟之小妇。"可见，气节是柳如是被陈先生看重的根本原因。

后来，钱谦益受柳如是的影响，渐渐地认识到自己错了，暗生悔志，从郑成功复明到汉人起义，都利用自己在清廷的影响和资源暗中予以支持。但亡羊补牢，为时已晚。大节既亏，再支持也没用。关键的节点没把持住，也是"终身不得为完人矣"。据记载，晚年的钱谦益内心痛苦至极。

人生其实是一段"危险"的旅程，许多看似平淡的时刻，稍不留神，或恰逢时局一动荡，或遭遇人生一变化，就可能天差地别。此时尤须把持内心，否则一失足真成了千古恨，再回头早已百年身。

定力从守志中来

曾国藩所说的防范风险与立志看似是两个方面，实则是互为支撑的两个关键所在。

曾国藩说："欲求变化之法，须先立坚卓之志。"大意是，要想成功驾驭人生，从容面对变化，根本之道在先立坚卓之志。"坚"是坚实，不易改变；"卓"是高远，超越常人。曾国藩认为，立下大志后，人生就无所畏惧，而人生的定力也从守志中来。这也才是防范危险，抵制内心私欲与外部环境的根本。

从这一点出发，其实便可以明白曾国藩为何不反清廷。

历史上，孙中山、陈天华、章太炎这些革命党人都不喜欢曾国藩，尤其是陈天华，虽与曾国藩同为湖南人，却格外痛恨曾国藩。为什么？就因为曾国藩打下南京后，不肯造清政府的反。

孙中山一辈子的志向可以用八个字总结，就是"驱除鞑虏，恢复中华"。所以他说：曾国藩这家伙，要是打下南京后向清政府起兵，就是汉人千古第一大功臣；若是不造反，就是汉人千古第一大汉奸。陈天华也认为，曾国藩不造反是他人生中最大的错误。

我有时也在揣测，如果曾国藩造了反，不仅不用背一辈子骂名，在中国近代史甚至整个中国历史中的境遇恐怕也会大不相同。

也有学者认为，曾国藩当时的条件不成熟，比如，清政府已开始提防他，在江北布防了七万绿营兵；内部的李鸿章、左宗棠又自成一脉，不会追随他；或说他没钱，粮饷困难；或说受地势所限，在中国从南向北打很困难，从北向南打很容易等。

但事实并非如此。

彼时，清政府的绿营和八旗已经毫无战斗力，江南、江北大营被太平天国的洪仁玕彻底摧毁之后，清军已经弱到一碰太平军就输的地步，而太平军又被湘军打败，孰强孰弱，一目了然。

内部分裂很明显则是刻意表演。曾、左不和，那是给慈禧太后演戏——其实因为不想反，所以内部才有矛盾。再说，李鸿章是曾国藩的政治接班人，被后者一手扶植，怎么可能不追随他？至于军饷，曾国藩是两江总督，湖北也是他的，再加上苏、浙、沪、皖，全国最富庶的地方尽入其囊中。《清史稿》中说："天下财赋，半出东南。"只要曾国藩想起兵，就肯定不差钱。

还有一个关键问题。

曾国藩那时已经开始推行洋务运动，并取得初步成果。搞洋务，就要建工厂、造铁舰、铸枪炮，要和西方人做生意，所以曾国藩和英、法、德、美走得颇近，而这些西方国家，谁跟他们做生意，他们就支持谁。这就是为什么汇丰银行拒绝给清政府贷款，反而贷给胡雪岩的原因。所以，如果曾国藩真的要造反，还可以加上一条——西方列强的支持。

关于近代中国，有一个流传很久的误解：步步落后，充满屈辱。

也对，也不对。

作为模糊概念讲，鸦片战争以来的近代中国的确交织着血和泪。但我们并非步步落后——在变革之初，我们并不落后于世界。具有资本主义改革性质的洋务运动开始于1861年，这一年，俄国刚废除农奴制，美国才开始打南北战争，林肯先生也还没到剧院去看戏。七年后的1868年，日本刚开始明治维新。十年后的1871年，德意志才刚统一。所以，从世界范围来看，我们的改革并不晚，而这场名为"洋务运动"的改革，由曾国藩肇始。

此是题外话。

手握强军又走在世界前列的曾国藩，为什么不造反呢？

因为他立下了属于自己的坚卓之志。

他的志向，不是做皇帝，也不是做英雄，而是做圣贤。

正是这个圣贤之志，让他面对异常成熟的条件和跃跃欲试的手下，依旧保持冷静的头脑，坚决不反。曾国藩立圣贤之志久矣，所以面对如画江山，他选择了坚守内心。

可怕的"全民富二代"

曾国藩还有一句名言："不能不趁三十以前立志猛进也。"

立志，行志，守志，足教后人深思。而更为重要的一点是，不仅立志要早，人生还需要经历必要的磨难。

曾国藩教子时曾说："极耐得苦，故能艰难驰驱，为一代之伟人。"现在的小朋友被老师或家长问及理想时往往说：我想当科学家，我想当总统，我想当企业家，我想当金融家。但这只是随口一说，不能算真正的理想，充其量只是"随便想想"。从"随便想想"到真正理想，需要经历生活的磨砺，甚至有时，父母要有意让孩子品尝人生的艰苦。

可惜，我们这个社会的心态，还踯躅于"怕出事"的层面，鲜有对孩子的磨难教育。无论是前些年，中日学生共同远足，中方学生暴露出的种种"少爷病"，还是以前，地方教育部门或因天热，或因路远，总之怕出意外、怕担责任，就取消军训、春游、秋游等，都说明我们的社会尚未跳出"维稳心态"的窠臼，只想浇灌花朵，却不敢让花朵经历风雨。

反观儒家文化被保护得较好的韩国，其实行的兵役制度规定，男孩到一定年龄都要服兵役，无论是明星还是公子，概莫能外。服役期间一视同仁，每个人都要经历远超之前生活的残酷甚至残忍，是龙得盘着，是虎得卧着。但经历着、经历着，男孩子们就会审视并锤炼自己的内心，真正从心理和意志上成年，真正确立自己的志向，这就超越了简单的吃苦范畴，进入曾国藩所说的"极耐得苦，故能艰难驰驱"之境。

"二代"是当下的热词。但最令人忧虑的，并非一般意义上的"富二代""官二代""星二代"，而是"全民富二代"。

什么是"全民富二代"呢？

这是一种心态。现在普遍是独生子女，都是父母的心头肉，夫妻俩加上四个老人，六个人面对一个孩子，真是含在口里怕化了，捧在手里怕掉了。不论家庭富裕与否，家长总是百般努力为孩子创造最好的条件。另外，因为教育资源不公，所以家长很着急，拼命去为孩子创造资源。总之，不顾家庭条件和孩子禀赋的差异，每个家庭都想尽可能地给孩子最好的资源。这就形成了"全民富二代"心理——不论家庭是否富裕,第二代出生后,都要按"富二代"的心理去培养,给孩子最好的。

这最可怕。

这样成长起来的一代不会真正立志。他会有想法,甚至会有野心,但不会有真正的人生大志向。为什么呢?因为他很难真正面对内心,很难真正地思考立志的问题。

遍览古今中外,仁人志士们越是在挫折中,越是在苦难中,就越能认识自我,而鲜有在安逸环境中能实现自我认知的。

日本的"经营之神"松下幸之助,一辈子可谓是倒霉透顶:九岁辍学;十一岁父亲去世;十五岁掉进大海,去鬼门关走了一回;十九岁母亲去世;二十岁得了肺病,又去鬼门关走了一回;到三十二岁,好不容易生了一个儿子,才过几个月就夭折了。按照中国的命理学说,这个人简直就是丧门星,谁跟他在一起都不大好。

直到松下幸之助有回看见乡人洗红薯——在一个大桶里装满水,把红薯放在里面不停地用棍子搅。松下幸之助发现,红薯不会总漂在上面,也不会总沉在底下,在搅的过程中,有些下去了,又有些上来了;有些上来了,又有些下去了。忽然间,他就顿悟了:人生就像红薯一样,总有起起伏伏，所有的磨难其实都是一种机会；再大的磨难，只要人活着，就有转机。

说到磨难，有多少人能比霍金更惨？霍金患有卢伽雷氏症，又叫渐冻症，肌肉全部萎缩，只剩三根手指还能动。曾经风靡世界的"冰桶挑战"，就是为了让人们了解"渐冻人"群体，同时为其募款治病。但是，恐怕正是因为这样的磨难，才造就了后来的霍金、伟大的霍金。

但是，在让孩子懂得这一切的时候，恐怕我们成年人先要面对自我的内心，先要自省，是否自己已经掉入了"全民富二代"的陷阱而不自知。是时候放手，是时候让孩子去经历一些生活的磨砺，这样，才能帮助他们成长为内心强大、能够积极面对生活的人。

当然，在内心的自我要求上，在成长的过程中，一定会有很多难以抗拒的困难。但是，必须要有一个明确的界限，要有一条鸿沟，要有非常明确、整齐划一的方向和原则。

不为圣贤，便为禽兽

曾国藩在讲"省"字法的时候，提到了一副名联，上联是"不为圣贤，便为禽兽"，下联是"莫问收获，但问耕耘"。尤其是这句上联够犀利，意思是在自省的过程中，在成长的过程中，必须对自己够狠，尤其是男同胞。

我们谁敢说自己是圣贤？就算立志想当圣贤，那也离圣贤差好远。小朋友常会以"好人""坏人"对人进行区分，但这个世界上没有绝对的好人，也没有绝对的坏人，大多数人其实都不好不坏，有的方面"好"多一些，有的方面"坏"多一些。所以，即便做不到圣贤，咱也不能沦落到禽兽的地步吧！咱在中间地带不行吗？

不行。

这就是儒家的坚决之处：没有中间地带。

为了提醒儿子，曾国藩经常会辅以他自己的例子。而最著名的例子，就是曾国藩的戒烟。

曾国藩戒烟也是经历了几番波折。最终，曾国藩战胜了自我，不仅戒烟成功，还写下了著名的"日课十二条"，成为修身养性的不二法门。

其实，像"日课十二条"这样的东西我们也都写过，就是生活规划。但问题是，我们发狠心做两天就算了，而曾国藩一旦开写，终其一生就照着去做。他一旦对自己有要求，就会落在生活的具体层面，这才是真正的修身。要对自己狠一点儿，要取法乎上，要挑战有难度的事情。做学问也是，不要总摘顺手就能够到的东西，最好是跳起来摘有难度的那个，这才是进步，才是成长。

儒家的精华也正在此。

"外圆内方"之法

修身不光是不干错事，不光是有理想，还要有大志向。一旦确立了大志向，再难，再受挫折，都不惧怕。人就像一把刀，要有磨刀石，才能越磨越锋利。所谓"宝剑锋从磨砺出"，儒家就认这个理。

作为家长，我们要注意的恐怕不仅是对孩子的督促，更多的是对自己的督促。我们不能因为工作、职场的劳累，就降低了对自我内心的省察。我们有了自我的省察之后，对于孩子的督促自然就会水到渠成。

做到自我的省察，获得自我的升华，就是要学习修身，学习做人、做事之法。

曾国藩说："集思广益本非易事，要当内持定见而六辔在手，外广延纳而万流赴壑，乃为尽善。"修身，于内要立定脚跟，这叫"内要方"；于外要有容乃大，这叫"外要圆"。用曾国藩的另外一句话来解释，就是"以能立能达为体，以不怨不尤为用。立者，发奋自强，站得住也。达者，办事圆融，行得通也"。这也就是人们常说的"外圆内方"之法。

志向是立在自己心里的，叫作"内断于心，自为主持"。但到了社会上，就不仅仅是个人的事，还要面对很多人，这就要讲究"内外有别"。中国文化，尤其是儒家文化，很讲究"方圆之道"。外圆内方，进退从容，体现了中国人独特的辩证法思想与处世智慧。

我们常说，"天圆地方"。古代的铜钱也常被戏称为"孔方兄"，因为它外面是圆的，中间是方的。从铸币艺术上讲，古代钱币必须放在一个铸币模子里进行铸造，内方能保证钱币被很好地固定住。钱币铸好后要流通使用，圆融才适合流通。

做人也是如此。

"内方"才有原则，才有根本，才能在浊浊尘世中立定脚跟；而"外圆"则可交际，则可融通，则可发挥人的社会属性，并由此进入环境，最终驾驭改变之。所以，既不可圆滑得失去做人的原则，又不可古板得不讲究做事的策略，这才是真正的方圆之道。人，终究是社会中的人，终究是人际中的人，终究是要与不同的人打交道的人，只有外圆内方，才能既不"孤家寡人"，又不迷失自我。在交际过程中太过刚强，不讲究艺术，不讲究手段，就无法与人合作。真正的大志向不可能靠一己之力完成，而要靠团队，甚至靠几代人的传承。今天的团队精神、合作精神、沟通精神，就是"外圆内方"的当代呈现。

孔子对人生志向算是最坚守的了，但他也讲"外圆内方"。

《论语》里有个很著名的例子，就是"阳货欲见孔子"。

阳货何许人？乱臣贼子。春秋时期，诸侯架空了天子，士大夫架空了诸侯，家臣又架空了士大夫。阳货不过是季氏的家臣，但季平子死后，他把季桓子囚禁了起来，可以说是权倾朝野。孔子想当官，苦于没机会。那时候他都快五十岁了，名气越来越大，官位却没有着落。阳货对他说：你到我这里来当官吧。乱臣贼子，孔子肯定不能跟他合作，这是原则问题。但阳货拜见孔子，还送了一头很贵重的烤乳猪。按礼，孔子要还礼，就得去阳货家，那不就必须得见面了？

这时孔子的圆融就显现出来了。孔子不想见阳货，就让学生打探着，看阳货什么时候出门了，就趁这个时候跑去回了个礼。儒家讲究礼仪，这下礼数也尽了，同时又避免了尴尬。

但世界实在太小。

有一天，孔子和阳货在街上遇到了。阳货可是权倾朝野，对着孔子直接来了一句："来，予与尔言。"意思是，你过来，咱俩聊几句。要是换作孟子，肯定立刻光火，转头就走。

孔子则圆融得多，愣是忍住没吭声。

阳货问他："怀其宝而迷其邦，可谓仁乎？"你不是讲仁义吗？你有这个才能，但是眼睁睁看着国家迷失方向，这能叫仁吗？孔子还没说话，阳货就自问自答道：当然不能。

然后他又说："好从事而亟失时，可谓知乎？"你想从政，但是放弃了好多这样的机会，这能叫智慧吗？孔子也没说话，阳货又自问自答道：当然不能。

自以为是的阳货自问自答了两次后，又想当然地发了句感慨："日月逝矣，岁不我与。"时光飞逝，时不我待！来吧，到我这里来干点事儿吧！

这时，孔子才淡淡地说了句：嗯，我想想。

虽然最后孔子还是拒绝了，但不是当面就回绝。为什么呢？因为阳货虽是乱臣贼子，但他对孔子讲礼，孔子也就不能无礼——这就是人与人之间的关系。所以可以这么说：孔子才是人类历史上最早的公共关系学家。

孔子推崇礼仪，所以他自己得讲礼仪，但他又不能与阳货这样的人合作。这叫什么？这就叫"非暴力不合作"。有的人若不合作，一定是"暴力不合作"。儒家讲究的是，一个人的精神世界有多强大，他在现实社会中就有多强大。但这种强大不是凌人迫人，不是压人唬人，而是看上去温文尔雅，但内心坚韧无比；看上去瘦弱矮小，但内心海纳百川。

这就是儒家对修身的要求。而我们对自我的省察、日常的修身也就是要达到这一点。

识人和识己一样重要

刚刚说了，人不是单一地存在于世界，而是要与外部世界、外部环境发生千丝万缕的联系。因此，曾国藩在"省"字法里，还特别强调一点，就是"一生之成败，皆关乎朋友之贤否，不可不慎也"。大意是，修身不光是一个人的事，交什么样的朋友，着实决定了修身的高度。因此，也就是说，识人与识己一样重要。

曾国藩曾在家书中对自己的大儿子说过一句话，叫"择友为人生第一要义"。后又更精练地概括为"择人为第一要义"。

就成就人生的事业而言，识人与识己一样重要，修身与择友本质上并行不悖。古语云："不知其人，视其友。"意思是讲，要看一个人修身的水平，就要看他跟什么人在一起。这真是经验之谈！一方面，近朱者赤，近墨者黑；另一方面，物以类聚，人以群分。曾国藩深刻地认识到了这一点，所以在他的家训中，如何识人用人，如何择友交友，成了自我修身之外最为核心的一块内容。

反省交友，不是一般所说的"近墨者黑"。在自省的道路上，这叫"近墨者险"——有些朋友交错了，于人生是巨大的风险。林冲一开始交的铁哥们儿是陆谦（陆虞候），最后把他害得最惨的也是此人。我读《水浒传》时一直纳闷儿，林冲为什么与陆谦交朋友呢？林冲这个人，一开始在官场，老想保住自己的仕途，于是处处退让，经常逢迎。他心中觉得能过安稳的日子就行了，所以交朋友时并没有慎重选择。陆谦此人表面热情，又能上下结交，精擅逢迎，正是林冲眼中"稳妥"的一类人。林冲与他混迹，胡吃海喝一气，便天真地以为交到了好朋友。回头看，像林冲这样择友，实在太轻率，对自己也太不负责任了。

干事创业，要考虑为什么做，能做成什么样，有什么条件做，但最关键的一点——和谁一起做。这就是曾国藩在"识己"之外，特别注重"识人"的关键所在。

曾国藩一生尤好相人，而选择任用一些新的人才，他都要先亲自过目。《清史稿》中记载："国藩为人威重，美须髯，目三角有棱。每对客，注视移时不语，见者悚然，退则记其优劣，无或爽者。"说他每次审视新人的时候，就坐在人家对面，瞪着一双杀气腾腾、棱角分明的三角眼，死死地盯着人家看，也不说话。他不说话别人也不敢说话，但不说话又别扭，所以被他看的人无不毛骨悚然。被看的人虽然悚然，但曾国藩自己倒是很坦然。他总是一言不发地看半天，然后闷声起身到后堂去，把对这个人的观察心得记下来，留着人家在前面继续毛骨悚然。他还喜欢预测所相之人的未来，神奇的是他总是相得特别准，所以当世称他为"相术大师"。曾国藩自己呢，受之坦然，还以此自得。

曾国藩特别重视人才的选拔与培养，他甄别人才时很讲方略，做法又非常独特，以至于在当时就被世人传为奇谈。

曾国藩智鉴刘铭传的故事就是例子。

1861 年，李鸿章想要自立门户，在恩师曾国藩的支持下开始在安徽合肥老家招募人马。当时合肥有几股著名的团练人马，号称"西乡三杰"。李鸿章利用乡谊关系，把三股团练都纳入自己麾下，这就是他后来仗以成名的淮军的最早家底。

李鸿章虽然招安了西乡团练，可心里对这些土匪出身的家伙也还是没底，于是就带着所谓的"西乡三杰"来见曾国藩，其中就有刘铭传。

到了曾国藩的两江总督府，几个人就被带到了客厅前的花园里，对方推说曾大人正在处理公务，让他们先等一下。

其实，曾国藩这会儿根本没在处理什么公务。他让家

人把三个人领到花园里，自己则早早地坐在花园后面小山的亭子上，自得其乐地在那儿边品茶，边品人。三人之中最貌不惊人的就是一个满脸麻子的小个子，而这个外号叫"刘六麻子"的小个子，就是刘铭传。

曾国藩一直不出现，三人越等越光火。另外两位脾气还不错，肃立一旁，一声都没言语。可刘铭传一会儿看看天，一会儿瞅瞅云，实在不耐烦了，突然膀子一甩，掉头就要走人。

李鸿章知道曾老师是在试这三人，所以赶紧拦着。结果刘铭传虽然给李鸿章面子不走了，但扯开嗓门喊了声："见就见，不见就不见，摆什么谱啊！"

曾国藩在远处看得真真的，也听得真真的。刘铭传这么一喊，他倒是一愣。想了想，还是没下来，让家人悄悄吩咐李鸿章，就说自己公务没处理完，改日再见。

也就是说，曾国藩第一次品鉴刘铭传，他见着了刘铭传，而刘铭传根本就没见着他。当晚，李鸿章来问曾老师的意见，曾国藩笑而不答，只说明日他再亲自接见这几位。

第二天，李鸿章又把三人带到了总督府。这一次曾国藩很热情地把他们迎进了大厅，并解释说自己昨天实在太忙，错过了与几位英雄的聚会，实在遗憾。眼见午饭时间将近，就让下人端了几碗汤圆，来跟这几位共进午餐。

刘铭传这些人原本都是占山为王的土匪头子，平常都是大碗喝酒、大块吃肉的，一看曾总督招待午饭就一人一碗汤圆，眉头一下就皱起来了。可问题是曾国藩请吃汤圆，别人想吃还吃不着呢，所以每个人都认认真真地埋头在那儿吃着。

等吃完了汤圆，下人上了茶，漱了口，擦了嘴，抹了手，大家正准备继续开聊，曾大人出人意料地问道："各位，谁知道刚才碗里有多少个汤圆啊？"

这一问，大家立刻呆住，包括在座的李鸿章。一碗汤圆，人家本来就不愿吃，陪着您曾大人吃也就得了，谁还顾着数数啊？看其他人都不回话，那个貌不惊人的刘铭传欠了欠身，很平静地答了个数，而且还是个准数。

曾国藩听了，哈哈一笑，也不接着聊了，立刻端茶送客。

事后，曾国藩对李鸿章说，刘铭传"不循定法，常可出奇制胜，当一世将才"。

那么，曾国藩这个评语准不准呢？

后来的中法战争中，清军节节败退，眼看朝中无大将，慈禧只得亲自下诏让兵部起用已经闲居家中很久的淮军老将刘铭传。刘铭传老骥伏枥、壮心不已，立刻抛下个人的政治恩怨，飞奔台湾抗法前线。

法国海军以为清军不堪一击，便大胆地在基隆登陆，结果遭到清军的顽强抵抗。但法军毕竟船坚炮利，武器上占了很大优势，所以攻势很猛。这时刘铭传下令各部主动后撤，各部将领立刻蒙了。当时清军军事条令有规定，哪支部队率先后退，就斩哪支部队的首领；全军后退，就斩主帅。当时刘铭传是清军主帅，他居然下令让全军后撤，还要炸掉基隆的煤矿，不给法国战舰留燃料。

当时手下将领都力劝他不可，可刘铭传坚持。结果法军顺利登陆，却并没有得到他们需要的给养。在他们以为登陆已经大功告成的时候，刘铭传突然率军从左中右三路反身杀回，把登陆法军顺利地"包了饺子"。

后来，不仅在基隆，刘铭传在淡水又出奇兵大败法军，致使法军想攻占台湾的计划完全破产。

一场中法战争，台湾作为最主要的战场，刘铭传率军大获全胜，他也因此被清廷任命为第一任台湾巡抚，成为近代史上著名的民族英雄。

回头再看曾国藩那句对刘铭传的评价——"不循定法，常可出奇制胜，当一世将才"，这话可是二十三年前的断语！

曾国藩对于人性有着特别的眼光，他的识人之法未必人人都可学得，但识人之意识断不可无；交友交游，"不可不慎也"。

这对于今天的我们而言，即应时时警醒之事，也是我们在教育子女的时候，需对孩子时时教导之语。

第二章

内心清静，自有远大

静到极处，自有天地

儒生八要，即所谓"格物、致知、诚意、正心、修身、齐家、治国、平天下"。"修齐治平"里，最重要、最根本的一条，就是修身。

省身之法，实乃修身之法。因此，曾国藩教子法的第一条，也是儒家文化最根本的一条。

而第二条"静"字法，则与"省"字法互相匹配。如果说"省"是锻造良材的烈火，那么"静"就是润泽巨木的柔水。百炼钢成绕指柔，一半靠火，一半靠水，离了谁都不行。

火，是人生的淬砺考验；水，是生命的蕴藉沉淀。

曾国藩认为，"静"字一法，究其实质就是滋养生命的水磨功。正所谓，静到极处，自有天地。

"静"首先是门功夫。

他在家训里有句名言："内而专静纯一，外而整齐严肃，敬之工夫也。"

敬，从静开始。心不静，身就不静。哪怕只是外在肢体之静，都是门大功夫。曾国藩此言，实出自其深刻的生活体会。少年时，他是个急性子，但通过省身法不停地修炼，青年时已大有改观。

这还要从曾国藩参加科举考试的一段往事说起。

前面讲过曾国藩北京科考失败，便一路南下，云游四海。经过江苏北部一个叫睢宁的地方时，实在是一文钱也没有了。曾国藩左思右想，觉得自己好歹也是个读书人，没钱了总不能跟着丐帮走吧。这时，他想起睢宁知县易作梅曾与父亲是同学，勉强能叫年伯，于是硬着头皮，厚着脸皮，前去求见——借盘缠。而他，居然意外地借到了一大笔钱——一百两银子。

这是为什么呢？

那是一个下着雨的忧伤季节，没有伞的曾国藩，落魄不堪地来到县衙。门房见他一副乞丐模样，很是不愿搭理。

"找知县大人？你是什么人啊？"

"在下乃大人之年家子。"

"是吗？看着不像！你找大人什么事？"

"我还是见到大人再说吧。"

"那你等着吧，知县大人刚好外出公干。你就在客厅里坐一下吧。"

谁知，曾国藩等了一整个下午，等到花儿都谢了，易知县也没出现。后来见天色实在太晚，曾国藩只好告辞。以他当时的落魄模样，估计等易知县回来，门房也压根儿不打算告知此事。

易知县回来后，换下官服，泡了壶茶，刚在客厅落座，突然眼睛瞪得老大。他沉思了一下，便把门房叫来询问："下午来人了吗？"

"有个年轻人找您，说是您同学的儿子。不过看着不像，一副乞丐的模样。"

易知县听后，又是一阵沉思。突然说："快去把此人给我找来。"

门房好不容易才把落魄的曾国藩给找来。这位易知县易大人问清缘由，便当即慷慨解囊，给了曾国藩整整一百两纹银，资助这位穷困潦倒、一文不名且并无任何出众之处的小青年！

请注意，易知县可不是一个贪官，他官声清廉，口碑颇佳。他用的可不是公款，是私银。武侠小说看多了的人

迎送遠近通達道

肯定觉得这没什么，毕竟小说里动辄赠金送玉，但那只是小说。要知道，白银在古代很有购买力，一百两在当时已非常值钱，相当于易知县两年多的工资。

那易知县为什么会如此慷慨呢？他又是怎么知道下午有人来过呢？

答案是：脚印。

原来易作梅往那儿一坐，茶端起来还没喝，就看见对面椅子前有两个清晰的干脚印，脚印旁是一圈湿漉漉的水渍。旧时客厅为砖地，一般留不下脚印。但那天下大雨，曾国藩身上透湿，裤腿和鞋边的水渍会印在砖地上，脚底反而因久坐而被焐干了。易作梅一看，不得了啊！坐在那里的人，一下午就没动过。因为来人若是起身踱步，或是坐在那儿不老实、不镇定，必然不会只留下两个干干的脚印。

我们落座时，如有陌生人在场，大都正襟危坐，可若无人在侧，往往十分自由，即使不跷二郎腿，也会"大腿抖小腿"，像发电报似的抖个不停。这种放松是本能的机体反应。但年轻的曾国藩居然能驾驭自己，克制自己。易作梅寻思，有这等定力的年轻人将来必非池中物！

历史证明，易作梅没看走眼。后来的曾国藩历经"三千年未有之变局"，之所以能在乱世危局中别开生面，完全得力于他的静功、他的定力。

喧嚣声中有极静

那么，如何做到心静？关键在"安"。心若能安，心方为静。

静，是功夫，讲究"愈迫而愈静"。迫，是外界压力。意思是，越是有压力，外界越是喧嚣，越要心静。

历史上谁的心最安？恐怕当数史上最完美男人、东晋丞相谢安了。其雍容气度，千载而下，依然让人神往。

《资治通鉴》记载，淝水之战，东晋处于生死存亡之际，前秦苻坚号称拥有百万大军（当然后来考证只有二三十万），而谢安的北府兵充其量不过八万。以八万敌二三十万，小伙伴们都惊呆了！

驻守荆州的桓家很有野心，眼看南京要失守，就派了三千人回援守城作秀，被谢安断然谢绝。果然来人一撤，老百姓就认为谢丞相有信心、有把握，原本慌乱的民心很快就安定下来。

但是，将领们知道敌我的差距，心中还是很急，隔三岔五地来要对策。谢安总是缓声安慰："不急，不急，待出兵再谈。"大家既然来了，也不要闲着，一起喝酒，下棋，开 Party 吧！谢丞相真是风雨不动安如山，于是满朝文武的心居然也跟着安定下来。真到了出兵时，谢安才聚齐众将。一番调兵遣将后，有好事者掐指一算，前后居然只用了一个时辰。

领兵打头的是谢安的侄子谢玄，与前秦军队在淝水决战。此是历史上著名的淝水之战。

毕竟敌众我寡，朝廷里的大小官员还是惶惶不可终日。一位尚书实在是在家坐不住，便跑到谢安那里打探消息。谢安也不生气，也不作答，只招呼他下棋。棋下到一半，正是胶着，前方八百里加急战报送回。谢安打开，只是轻轻一瞥，居然面不改色，继续落子下棋！

还能更千钧一发吗？还能更火烧眉毛吗？这是一个王朝的兴废、整个天下的命运啊！但谢安不着急，任对面那位满头大汗、浑身哆嗦，依旧执子想棋。

对面这位实在忍不住，颤抖着声音问："丞相，如何？"

谢安不答，待执子落定后，才随口说道："小儿辈遂已破贼。"谢玄是他侄子，所以称之为"小儿辈"；"遂已破贼"，就是击破了敌军。天大的事情，却如此清淡，如此从容。

言毕，谢安也不下棋了，起身走向内室。古人的木屐就是高跟鞋，但比今天合理，下山时鞋跟可以换位置，走路相对轻松。过门槛时，谢安被重重地绊了一下，绊掉一只鞋跟，但他浑然不觉，一高一矮地走了进去。

有人不了解儒家文化，说谢安不真实，是在作秀。其实这恰恰反映了他内心的激动——生死攸关之时，紧张到鞋跟掉了都不知道。但是，任由内心紧张，举止依旧淡然，真是稳到极处。

西方文化主张人要遵循感官，张扬个性，有了张牙舞爪的后现代主义还不过瘾，又弄出了后后现代主义，既不信宗教，也不好好写诗，完全跟着感觉走。但儒家不是这样，儒家讲究心灵对身体的驾驭。

这种驾驭，还表现在物质与精神的关系中。

儒家不排斥物质，"穷且益坚"的"穷"，不是"贫穷"。古汉语中的"穷"和"贫"不同，"贫"是没钱，"穷"是穷途。一条路走到头，走不下去了，叫"穷"。"穷且益坚"是说，困境之中，精神要敢于超越一切困难。同样，我们常听的"穷则独善其身"，也不是说贫穷。中国古代的确有陶渊明"采菊东篱下"，但更多的儒生，像苏东坡、王安石、辛弃疾，努力融合物质与精神，这才是儒家精华之所在。这些人不排斥物质，用精神超越物质、驾驭物质，追求至臻完美的生活状态。这一点，足资今人借鉴。

要超越物质，精神就要足够强大。谢安经历的淝水之战不可谓不惊心动魄，但他由内而外，古井不波，处变不惊，这就是精神强大带来的心灵安静。

汉字搭配大有深意。"安"配"静"，"沉"配"稳"。安静、沉稳，这是儒家渴望的行为姿态，也是儒生追求的处世圭臬。一如曾国藩所言："千军万马金鼓喧阗之中，未始非凝静致远、精思通神之地。"越紧张时，越要有定力。另有"军事变幻无常，每当危疑震撼之际，愈当澄心定虑，不可发之太骤"一句，讲的虽为军事，道理却是共通的。

被误解的"三思而后行"

要达到"静"的境界，要明了一个道理，那就是："静"不是一种静态的状态，而是一种做事、办事的方法。

曾国藩有句家训名言很是让人喜欢："先静之，再思之，五六分把握即做之。"做事未必苛求十分把握，五六分就可以了。

人们常说"三思而后行"，以为是孔夫子的教诲。殊不知，这句话虽然出自《论语》，但《论语》不只是孔子语录，而且是孔子及其弟子的言行记录集。

首先，这压根儿就不是孔子的原话，而是对季文子行为的一句概述，说他办事总是絮絮叨叨、磨磨叨叨。其次，孔子可没表扬季文子，反倒是委婉批评。《论语·公冶长》记载：季文子三思而后行。子闻之，曰："再，斯可矣。"意思是想两遍就够了，干吗磨叽呢？强迫症啊？！

这其实是被误解了的"三思而后行"。

必要的思考很必要，不必要的思考很不必要。所以曾国藩认为，有五六分把握就可以放手去干。这是因为有了静功做前提，就越是能静下心来，越是能科学思考，越是能加速决策，越是能规避风险，越是能高效执行。

对此，另一位儒家圣贤王阳明曾经说："夫学、问、思、辨，皆所以为学，未有学而不行者也。"

意思就是说，学习、询问、思考、分辨，这些都是为了学习某一件事，而要掌握这件事，光学不做是不可能的。这与孔子所说的"学而不思则罔，思而不学则殆"是一个道理。正因此，王阳明悟出了"知行合一"的重要思想，并在自己的人生中予以一次又一次的实践。

很难想象，在钻研哲学、精研书画、教育子弟的同时，王阳明还能有条不紊地带兵打仗，能够迅速剿灭多年积重难返的匪患，能够用四十三天就平定了宁王朱宸濠策划数十年的叛乱。他之所以能够获得这么大的成功，都离不开他知行合一的智慧。

王阳明从小就立志做圣人，他的父亲听说这件事之后觉得他是狂妄自大，但是王阳明却从立定志向之后，就一直在行动。他处处寻师访友，学习做圣人的法门，虽然屡试屡败，却依然屡败屡试，直到最后的顿悟。

为了验证"格物致知"的道理，他特地去格竹，虽然没格出什么道理，还大病了一场，却因此知道通过外物寻找"理"是行不通的。这些都是在行动中获得进一步思考的可能。

一味地思考，做事的勇气就会一点点地被消磨掉；过度地思考，只会带来拖延，而"三思"又是自己拖延下去的绝佳借口。事情往往一拖再拖，等到拖不下去的时候，才会仓促行动。而行动起来的时候才发现，有很多问题是在行动中才呈现出来的，而此时，已经没有足够的时间和耐心解决这些问题，只能草草收场。其实，王阳明和宁王朱宸濠的一战就充分说明了这个问题。

临事之静，关乎成败

曾国藩在家书里说："一经焦躁，则心绪少佳，办事不能妥善……总宜平心静气,稳稳办去。"讲的就是临事之静。

玄武门之变是唐代最大的一桩谜案，至今众说纷纭。

它有两个关键。

一是因"绿帽"而起。李世民向父亲李渊状告哥哥和弟弟，说李建成和李元吉秽乱后宫，李渊才会召见原告和被告对质。

二是变化陡升。计划不如变化，李建成和李元吉进玄武门，接近临湖殿，前方突现单人单骑——李世民重甲而出。于是乎，李元吉大惊失色，拉开弓箭"啪啪啪"就是三连发，想要先下手为强。按说李家儿郎箭法皆准，但李元吉三箭皆空，大失水准。这是因为李元吉和李建成已彻底被吓傻，惊慌之下，连出昏招。

李世民却气定神闲，屏息凝神，不慌不忙地拈弓搭箭。按说李世民的箭应该射李元吉，因为是李元吉先射的他，但李世民很冷静，先射没武器的那位，一箭射中李建成后背，当场将其格杀。李元吉见状，转身就跑。这时，李世民的手下也纷纷现身，乱箭中李元吉落马，跑进官道旁的一片枣树林。

要说机会也是均等的，李世民在追击过程中，居然被枣树枝刮到，愣是从马上栽落。李元吉看到后，又掉头往回跑，捡起李世民的硬弓就往他脖子上套。李世民亲军玄甲军用的弓箭选材极好，连突厥和匈奴都难以望其项背，李元吉只要稍稍用力，李世民少不得一命呜呼。

可惜，李元吉太紧张。

他正要使劲，半空传来一声霹雳。元吉居然被吓傻了，手抖弓落，撒腿就跑。

霹雳从何而来？是神在帮李世民吗？是，不过是人神而非天神。唐以后有秦琼和尉迟敬德两大门神，这声霹雳，就来自后来的门神尉迟敬德。尉迟敬德当时离二人还差十几步，来不及救李世民，情急之下只好大喝，居然成功吓跑李元吉！话说昔年张飞"当阳桥头一声吼，喝断桥梁水倒流"，估计尉迟门神也差不了太远。

其实，就算张飞复活，光凭一嗓子，能有多大动静？关键还是李元吉心不静，不仅错失良机，更是被追上来的尉迟门神一剑斩杀，呜呼哀哉。

遇事要静，无论难事、易事、大事、小事。

越是火烧眉毛，越要风雨不动。

曾国藩说："打仗不慌不忙，先求稳当，次求变化；办事无声无息，既要老到，又要精明。"意思是说，情急之下，尤其要静；平日做事，同样要静。行动之法，要诀总在"稳静"二字。

曾国藩打仗的办法叫"扎硬寨，打死仗"。每到一个地方，湘军不像别人那样急于扎寨，而是先里外挖壕沟，再把营寨扎结实；先确保对手攻不破，再考虑进攻的问题。此外，曾国藩不爱斗智，也不爱斗勇，就爱"蚂蚁啃大象"，跟对手死耗、耍赖皮，慢慢地消磨对手，"以时间换胜利"。

曾国藩曾向部下发问，大意是："天下大乱，信仰和价值都崩溃了，还有救吗？"未及部下回答，他又自言自语道："就算没希望，只要有两三个有志之士，志同道合，不急不躁，静心去做，就一定会有功效。"

他说对了，也做到了。

"静"的境界

"静"字法如此重要，那么又如何达到这一境界呢？

其实是一般人可能想不到的一点，那就是：人不能太聪明。聪明和智慧往往"性格不合"。

曾国藩就不聪明。

关于这一点，除了"背书背不过贼"的传言，还有诸多评论为证。比如，曾深受曾国藩影响的国学大师梁启超就用"固非有超群绝伦之天才，在并时诸贤杰中称最钝拙"来评价之。意思是说，一般人以为曾国藩是个超群绝伦的天才，但其实，不要说跟古往今来的那些天才比了，就算是跟同时代的那些名人豪杰相比，曾国藩也只能算是个智商低下的人。

要知道，梁启超对曾国藩可是极为推崇的。他说曾国藩智商低下的这篇文章，是给《曾文正公嘉言钞》一书作的序，意思是说，曾国藩是有史以来很难见到的极其杰出的人物，这种评价相当之高。但就在如此高的人生评价中，他还是说曾国藩原来很笨，智商比较低，真可谓是实事求是。

事实上，不仅梁启超这么说，连曾国藩自己在给孩子写的家书中也说过——说自己年少时在同辈中要算是"愚陋之至"。这话还真不是自谦，因为紧接着他又说，在兄弟五人中，除了老三曾国华比较聪明，其他几个都跟自己一样笨。由此可见，他说自己笨绝不是自谦——自谦也没必要拉着几个弟弟啊！

但是曾国藩很有智慧。

他在家书中对儿子说：你左叔叔、胡叔叔比我聪明多了，人家号称"今亮"，而我是"猪仔"，我能跟人家比吗？所以我只跟自己比。只要比前一刻的自己前进哪怕一小步，也是一种新高度。事实上，比曾国藩聪明的人都比他官小，"最笨的人"反而走上了人生巅峰。

这靠的是什么呢？

光"省"显然还不够。"省"一时容易，"省"一世难；而且在"省"之外，还要靠"静"功夫。

功夫向何处修？向精神处修！

我觉得，曾国藩"静"字法中有一个很重要的观点，就是"寓深雄于静穆之中"。

儒家讲究修身。修什么？修内在的心灵世界。

曾国藩年轻时性情焦躁浮夸，多番自省，总难改变。后来拜理学大师唐鉴为师。唐鉴对他说："若不静，省身也不密，见理也不明……总是要静。"曾国藩听后犹如醍醐灌顶，在日记里写道："既而自窥所病，只是好动不好静。先生两言，盖对症下药也！务当力求主静，使神明如日之升，即此以求其继继续续者，即所谓缉熙也。"

后来，曾国藩真的在这个"静"字上做足了功夫，也真的靠这个"静"字超越了年轻时那个华而不实的自己。

那么，他是怎么做的呢？

从操作方法来说，首先就是静坐。

在前面我们说过，曾国藩的一生都认为静坐十分重要。自唐鉴教导他之后，就开始养成了每日静坐的习惯。但他说的静坐跟禅宗的打坐不一样，也就是找个没人的地方，独自凝神静气地坐一会儿，面对自我，审视自我。

身体不动易，心里安顿难。所谓"心猿意马"，在《西游记》里就是指心境问题。"心猿"是孙悟空，"意马"是白龙马，猿和马是最易浮躁的动物，合起来就是心不宁静。气定，方能神闲。心不沉，精神就浮泛；精神浮泛，气质就不理想。

根据自身的经验，曾国藩认为在静坐中有两种情况是要注意防范的。一种是"并不能静也，有或扰之，不且憧憧往来"。就是但凡有点动静，就会引发思绪万端，而易受环境影响的静坐是不成功的。还有一种是"深闭固拒，心如死灰，自以为静"，也就是死寂一般的安静。这其实是一种弃世或者说出世的静，已有点类似于宗教人士的打坐了。曾国藩并不认可这种静坐，认为其缺乏生机，反而对修身养性没有什么好处。

曾国藩所主张的"静"是"一阳初，动万物资始者，庶可谓之静极"。意思是说，真正的静是潜伏，是蕴蓄，是在安静的状态中积蓄出生动的意念来。这就像是冬至那日，阴气殆尽，阳气初动，此时根正本固，是世间万物蓄势待发的一个起点。心中守住这样的感觉，既安详，又充满生机，那才是君子守静的根本。

没过多久，曾国藩身上那些浮夸的毛病还真的就渐行渐远了。这时候曾国藩不由得大为欣喜，说出了一句名言："内心清静，自有远大。"

诸葛亮《诫子书》里有句名言："非淡泊无以明志，非宁静无以致远。"曾国藩的家训名言"未始非凝静致远、精思通神之地"正是由此生发。其实，孔明先生的原话是"夫君子之行，静以修身，俭以养德"，然后才是"非淡泊无以明志，非宁静无以致远"。很明显，其中的逻辑简约后即："静以修身……非宁静无以致远。"

"远"，就是穷且益坚、不坠青云之志的精神境界；"静"，就是曾国藩的"静"字法。"静以修身"，修的就是"远"——齐家、治国、平天下。

也有人说，若"达则兼济天下"是致远，那"穷则独善其身"，会不会走回头路？

不会。

孟子这句话，强调的是自我修炼。行为习惯也好，生活习惯也罢，最后一定要回归自我价值的修炼。现实磨炼是全程，自静内省是冲刺。人必须面对灵魂深处的呐喊与深思、骄傲与卑微，才能真正安静下来，真正砥砺精神，真正抵达儒家孜孜以求的致远之境。

养得胸中一种恬静

关于"静"，曾国藩还有一句有趣的哲理名言，叫"养得胸中一种恬静"。

静，不是痛苦，而是快乐；不是隐忍，而是超脱。

"恬静"之"静"，不仅要入乎其内，还要超乎其上。

　　二十世纪九十年代出了一位"撑竿跳高沙皇"叫谢尔盖·布勃卡（Sergey Bubka），曾是乌克兰撑竿跳高运动员，后来成为国际奥委会委员，是位天才传奇人物，曾三十五次刷新世界纪录，连获六届世界锦标赛冠军。有段日子，布勃卡遭遇了运动瓶颈，总有一个高度无法跨越，自己也不清楚原因，只觉得一看那高度就心慌意乱，试尽各种办法也没用。直到一个老教练对他说："孩子，你起跳前闭上眼，静下来，让心先跳过去。"后来布勃卡回忆，受益于这句简单之至的话，以后再没有高度能阻拦他。

　　对于我们今天的家长来说，如何静下心来让自己能够凝神静气地面对内心，审视自我；让孩子能够慢慢沉潜，慢慢来，是一件非常需要坚守之事。

　　有了足够沉静的心，远比毛毛躁躁地做一堆事要更有意义，也更有效果。

当代名家
品读系列

郦波

曾国藩教子

教育孩子，首先要学会教育自己

内心清静，自有达天

处世之道与人生成败的勤与惰

避免传递负面的情绪

慎独而心安

关于学的五个问题

学到的东西要在心里配酿，在心里绽放

行动力与执行力

情趣与志趣

中国出版集团   全国百佳图书
中国民主法制出版社   出版单位

第三章

处世之道与
人生成败的勤与俭

勤敬兴家

为人处世，若能主动感知、主动体会、主动享受精神之静，那么，无论遭遇怎样的喜怒哀乐、悲欢离合、兴衰变迁，都能从容、大气、自信面对。

从外在平静，到内心安静，再到精神恬静，曾国藩的"静"字法螺旋向上，愈显重要，使"静"成为"省"之后最智慧的一种生存状态。

自古勤能补拙。

勤使贫儿富，勤教富儿强。

依靠"天道酬勤"这四个字，曾国藩从"笨小孩"到"中兴第一名臣"，实现了华丽转身。

教育子女时，他也格外重视"勤"。这也就是他教子法中的第三点——勤敬兴家。

曾国藩喜欢给家人留作业。

比方说有一回，已是两江总督的他去江北出差，大约离家半月。临行前，除了读书任务，又给儿子、儿媳和女儿都留了作业，分为四类：食事、衣事、细工、粗工。"食事"是做小菜、点心或酒酱；"衣事"是纺花或绩麻；"细工"是做针线或刺绣；"粗工"则是做鞋和缝衣。

别的夫妻暂别，往往说"保重身体，等我回来"，曾国藩每次却都跟老婆欧阳夫人说："要看好这些孩子，督促他们做作业，我要检查！"

有人可能要问，曾国藩已经贵为钦差大臣、两江总督，是天下文官之首、一代名臣，出差在外还牵挂这些？不仅布置作业，还布置体力活，这又是为什么呢？

这就是曾国藩教子智慧中的"勤"字法。他认为，勤劳与否对一个人至关重要："无论大家小家、士农工商，勤苦俭约，未有不兴；骄奢倦怠，未有不败。"

勤，不只是提倡勤俭。

曾国藩说："无论乱世治世，凡一家之中能勤能敬，未有不兴；不勤不敬，未有不败者。"

可见，曾国藩论"勤"，是与"敬"密切相连的。

曾家有一个著名的传世持家之"八宝饭"，说的是八样生活的根本。"八宝"为何？曾国藩解释说："前述祖父之德，以'书、蔬、鱼、猪、早、扫、考、宝'八字教弟。"

书、蔬、鱼、猪、早、扫、考、宝，就是曾家的"八宝饭"，也是曾国藩的教子八诀。

"书"是读书。耕读孝友之家，读书是每天必做的大事。"蔬"是种菜。曾国藩规定，孩子必须下地干活。活儿不用天天干，但总归要干过。"鱼"是养鱼，"猪"是养猪。意思是不光要会种庄稼，也得懂点儿农副业和畜牧业。"早"是早起。曾国藩另有"八本堂"家训："读古书以训诂为本，作诗文以声调为本，事亲以得欢心为本，养生以少恼怒为本，立身以不妄语为本，居家以不晏起为本，居官以不要钱为本，行军以不扰民为本。"其中的"居家以不晏起为本"一句，特别强调了早起的重要性（下文还会再提到）。"扫"是打扫。打扫卫生不能假下人之手，尤其是自己的屋子必须自己收拾。"考"是祭祖。按古代家族的习惯，早起要祭祖。中国没有典型的宗教，没有鬼神崇拜，主要是祖先崇拜。"考"者，老也，是祖先的意思；"宝"则是指要和邻里和睦相处。

曾国藩很有趣，他不苛求子女每天花多少时间去读书种菜、养鱼养猪、打扫卫生，但他要求每天都做，尤其强调不许假他人之手。《曾国藩家训》里，对早饭后喝茶都有规定，而且特别详细，其中就有饮茶不许下人服务，必须

自己烧水泡茶等。

曾国藩贵为朝廷一品大员，主管东南半壁江山，曾家家境自不待言。作为一个父亲，曾国藩何苦要这么为难孩子呢？

有人认为是历练，也有人认为是出于"一屋不扫何以扫天下"的考虑。事实上，不少人"不扫一屋"也扫了天下，所以，这都不是原因所在。

原因就在"敬"字。这也就是前面"日课十二条"中所强调的"主敬"。

"不勤不敬，未有不败者。"敬，其实是考；考，是对祖先的敬仰。前文说到，中国人没有严格意义上的宗教崇拜。虽有儒、释、道三教，但道教产生于汉代，与道家并无本质关联，有宗教形式而乏宗教精神；佛教则是外来宗教，并非本土所生；至若儒教，严格说则不是"教"，而是文化，是哲学流派。

中国人真正的信仰，是祖先崇拜。祖先崇拜基于血脉，每个人身体里流淌的血液都继承自祖先。所以古人敬畏祖先，生怕做错事有辱祖先英明。这种敬畏，丝毫不逊于西方宗教中对神明的敬畏。

敬畏神和祖先很好理解，但曾国藩要求子女对生活中的细节抱持敬畏，就令人费解了。但仔细想来，又别有道理。

曾国藩的意思是，即使面对生活中的细碎之事，也要充满"敬"意，也要投入，不能只把它当作任务。

从常理上看，我们一听到作业或任务，自然会萌发压力，压力又会导致我们丧失兴趣。没有兴趣的成长，不是真正的成长；枯燥乏味的学习，只会让学习事倍功半；强加于人的任务，大多完成得不伦不类。但曾国藩给孩子布置作业，绝不是要逼孩子完成，而是训练孩子以"敬"的心态，享受做事的过程。

而真正的"勤"是什么？

如王国维先生所说，"入乎其内"地去做事。

古代有位高僧叫大珠禅师。一次，云游僧向他请教，问怎样才可以得道，是否别有捷径。

禅师答曰："有捷径——吃饭，睡觉。"

云游僧不信："吃饭睡觉就是参禅悟道的捷径？大师您开玩笑吧！那所有人不都参禅悟道啦？难道您的参禅悟道和我们的不一样？"

大师说："对，就是不一样。"

"怎么不一样？"

大珠禅师安静地回答说："我吃饭就是吃饭，我睡觉就是睡觉。"

云游僧忽然顿悟，一时悟道。

虽然同是吃饭睡觉，但大多数人吃饭睡觉时，心里装着乱七八糟的事与欲求，并没有真正地投入到吃饭睡觉中。

我们每个人都可以扪心自问："睡觉时，在享受睡眠吗？吃饭时，在享受美食吗？"

答案往往是：不是。

一位王子曾去拜见佛祖释迦牟尼。

佛祖住精舍，虽然佛门里叫精舍，其实就是很平常的一片竹林。王子见佛祖生活清苦，也不请自己吃饭，就说："你不请我，我请你吧。"王子是带着厨师来的，很快就弄了一桌精美饭菜。吃饭时，佛祖也不言语，只管端出自己的一碗白米饭和一碗青菜，还呼哧呼哧吃得很香。

王子心中不解，觉得一碗白米饭怎么可能还吃得那么香。于是，硬拉着佛祖共享佳肴。

佛祖婉拒，含笑而言："心系当下，由是安详。"大意是：当我所有的心思都在这碗白米饭上，在每一颗米粒上时，当我全身心地融入所做之事时，这饭就非常香，我也非常快乐。若没有这份心境，再好的饭菜也没有味道；若有了这份心境，再难吃的食物也是珍馐美食。

所以，曾国藩的"勤"，其实是指投入。

他认为"投入"才能保障家庭幸福安宁，希望每个家庭成员都能投入家庭生活中，投入地做好每一件事情。只

有这样，才有生机，才有气象。曾国藩说："子侄除读书外，教之扫屋、抹桌凳、收粪、锄草，是极好之事，切不可以为有损架子而不为也。"在他看来，体会琐事里的快乐，才是生活的大智慧。在这份快乐和智慧里，对上有敬畏，对事有融入，心境自然大不同。

曾国藩有个著名的"十代论"：

吾细思凡天下官宦之家，多只一代享用便尽。其子孙始而骄佚，继而流荡，终而沟壑，能庆延一二代者鲜矣。商贾之家，勤俭者能延三四代；耕读之家，谨朴者能延五六代；孝友之家，则可以绵延十代八代……故教诸弟及儿辈，但愿其为耕读孝友之家，不愿其为仕宦之家。诸弟读书不可不多，用功不可不勤，切不可时时为科第仕宦起见。

在这段家书里，曾国藩细数了家族兴旺的规律。

"官宦之家"，一般只能传承一代，因为纨绔子弟坐享其成，不懂奋斗。"商贾之家"，就相当于今天的民营企业家，能传三四代，因为他们毕竟还有创业精神，懂得珍惜财富。"耕读之家"，就是以治农与读书为本的家族，能兴旺五六代，因为他们认真地投入生活——假使做事投入，连一棵草的生长与生机都能被感受到，而有如此家风的人家，必然会洋溢着生机和活力。"孝友之家"，就是讲究孝顺、友爱与和睦的家族，往往能绵延八代十代，因为在生机之上，更有理性升华，所以延续得更长。因此，曾国藩希望曾家是耕读孝友之家，而不是仕宦人家。

曾国藩说这话时，是一百七十多年前。一般书上说曾家到当下已有五房八代，其实我接触到的曾家后人早已到第十代，且代代有英才。这些曾家后人，不至于富可敌国，未必高官显爵，但都在为社会做实在的贡献，都拥有醒目耀眼的美好人生。就家族传承而言，能做到这样，难能可贵。

这，才是真正的家风。

要问这家风从何而来？来自曾国藩的祖父曾玉屏。

曾玉屏年轻时游手好闲，后来因为无知被人耻笑，从此痛定思痛，奋发图强，渐渐地在当地有了声望。但曾家世代都是农民，就算有声望，毕竟也旺不到哪里去。因此，曾玉屏在改善了家里的经济条件后，就许下宏愿，曾家此后要"耕读传家"。也就是说，不仅要保持种地的农民传统，还要培养出读书人来，因为只有读书才能彻底改变曾家人的命运。所以他全力支持儿子读书，儿子没读出成果来，又全力支持孙子读书。孙子曾国藩好不容易读出成果后，以此为标的继续教育自己的子孙，才把祖父这句"耕读传家"一直传承了下来。

败人两字，非傲即惰

"勤"在家庭，关乎生机与气象。

"勤"在个人，关乎处世之道与人生成败。

曾国藩有句名言："天下古今之庸人，皆以一惰字致败；天下古今之才人，皆以一傲字致败。"大意是，庸人因懒惰而失败，才人因骄傲而失败。许多人一旦有才，就变着法地往外冒傲气，殊不知，人生不能无傲骨，却不可有傲气！

后来，曾国藩总结得更精辟："败人两字，非傲即惰。"

由傲致败，多发生在有才之人身上；由惰致败，则是大多数人的写照。我们常说"懒惰"这个词，但"惰"和"懒"还是有所区别的。"懒"是无所事事，而"惰"是虽然知道有该做的事，可仍旧在做不该做的事。

去惰第一条，曾国藩强调"居家以不晏起为本"。《康熙字典》中记载："晏，无云也。又《玉篇》：晚也。"晏起，就是晚起的意思。这句话前文已经提到过，换成今天的说法，就是千万别赖床！

对于早起，曾国藩十分看重，这是他在日课中必须遵守的重要规则，他也教家人不能赖床，还教学生不要赖床；不仅笨人不能赖床，聪明人也别赖床。比如，前面提到的曾国藩教育学生李鸿章不要睡懒觉的故事，就是如此。

据李鸿章曾经回忆说，从此以后他洗心革面，再也没睡过懒觉。李鸿章平生最信服之人就是曾国藩，开口必称"我老师曾文正公……""我老师文正公说……"晚年李鸿章常提起这段往事，说自己遇人无数，但真正的人生导师唯有曾文正公。

曾国藩的儿子只有两个，但他的教子法不仅教子嗣，更教学生、部下。对他而言，教育既是家学，也是治军之道。提携后人，立人达人，这是曾国藩的大智慧。

勤俭相依

曾国藩论"勤"，一方面是与"敬"密切相连的；另一方面则认为勤俭相依，"勤"和"俭"要放在一起观照。

曾国藩说："凡世家子弟，衣食起居，无一不与寒士相同，庶可以成大器。若沾染富贵气习，则难望有成。"

为什么呢？

因为如果一个人不俭而勤，就不是真正的勤，因其做事时不会全身心投入，自然得不到成长与收获。在曾国藩的时代，他关注的是世家子弟，希望他们——尤其是曾家子弟——不要拘泥于优越的物质生活，不要沾染富贵习气，与普通人一样过清淡的生活，如此才能真正成大器。

这在今天，意义更深。

如果让孩子懂得勤敬兴家，懂得勤俭相依，其实关键就在于五个字——吃苦要趁早。

人生是长跑。长跑有节奏，勤奋则分时段。

曾国藩说："少劳而老逸犹可，少甘而老苦则难矣。"大意是，人可以年轻时勤劳，年长后安逸；但要是年轻时享福，年老时再想通过勤劳有所成就，恐怕难比登天。

换个角度看，这里还有甘与苦的关系。

人的一生，先苦后甜可以，这样甜更甜；先甜后苦多不行，这样苦更苦。

往长远说，我其实从来不反对孩子早恋。

为什么呢？因为让孩子在小时候经历这些，完全没问题。《红楼梦》里，贾宝玉和林黛玉相爱时才不过十一二岁，甚至有学者考证出不过八九岁。说到底，孩子间的情愫，犯不了大错。现在有的家长把恋爱视为洪水猛兽，不让孩子接触，等他们长大自由了，无知加好奇，要么不犯错，一犯错就是致命大错。

同理，让孩子早年就目睹艰辛，见证困难和困难被克服的过程，对成长大有裨益。如果孩子年幼时不懂艰苦，成人后一旦遭遇挫折，往往极易被击垮，这才是灾难。

而当下的家长最需要警醒的就是，从个体家庭来看，现在生活条件好了，物质丰裕了，父母有意无意地总会把最好的东西给孩子，让孩子变成了温室里的花朵而不自知。

就以出国留学为例，不论是中国最早出国留学的一批留学生，还是改革开放后出外深造的一批留学生，他们几乎都是考取奖学金后才远渡重洋学习深造的。出国读书不是一种逃避，也不是一种享福，应该是人生另外一种形态的磨砺与历练。而反观我们今天，许许多多的中学生、大学生甚至研究生，出国读书用的还是父母亲的钱。这难道不值得我们家长认真思考吗？

再从社会层面来看，许多条件不好的家庭，父母节衣缩食以满足孩子的要求，这样培养出的孩子又怎能适应社会，面对自己的漫长人生？

前面提过，当前的社会教育存在"全民富二代"的大问题。世家子弟尚不能贪图优越，更遑论普通人家的子弟。今天的父母，总想着把最好的条件、最好的资源、最好的环境给孩子，不仅要让孩子赢在起跑线上，最好直接上领奖台。这其实是在害孩子。

在成长过程中，条件越好，越非好事。

物质越充裕，精神越疲敝；精神疲敝时，创造物质的脚步自然会停歇。反之，给孩子真实的成长，让孩子懂得困难与艰辛，教孩子珍惜馈赠予财富，引导孩子依靠勤奋和努力，收获和积攒进步，才是对孩子最深邃，也是最切实际的帮助。

第四章

避免传递
负面的情绪

家和万事兴

"勤"之于曾国藩，是敬，是修，是俭。越是年少，越要学勤。

如果说"省"与"静"是直指内心，"勤"是强调生机，那么"和"，就是指向家庭环境。"和"，也就是曾国藩教子的第四法。

所以古人说："家和万事兴。"

这是根基。根深者，叶茂也。

《广雅》中说："和，谐也。"

《吕氏春秋》中说："故唯圣人为能和乐之本也。"

在曾国藩看来，"和"是家庭氛围，而家庭是人生的试炼场。从"修身"到"治平"，必须经过"齐家"。他在家书中说："凡家道所以持久者，不恃一时之官爵，而恃长远之家规；不恃一二人之骤发，而恃大众之维持。"

曾家兄弟也吵架。

但曾国藩总有办法化戾气为和气。

曾国藩出身于农民家庭，家境不算太好，赴京科考，盘缠也是老爹东拼西凑来的。后来他当了官，可惜是在翰林院，冷衙门，低收入，要说物质条件也着实苦不堪言。直到三十多岁，外放四川做乡试主考，才真正开始脱贫。

古时候，京官外放是肥差。一来路远，中央政府会给一大笔差旅费。二来地方政府会"孝敬"，又是一大笔，而且比中央给的还多。作为主考，揭榜后，当地的官员和考生，尤其是考中的学生，还要办谢师宴，送敬师费，又是一大笔。所以曾国藩走一趟四川，赚了一千多两白银。于是，他非常高兴地写了封家书，将大头一千两寄回湖南老家，自己只留下一小部分零花。

从口吻看，这封家书是写给他爹的："付银千两至家，以六百为家中完债及零用之费，以四百为馈赠戚族之用……"大意是："老爹，儿子发了点儿小财，总算赚了一千两白银。现在寄回家，孝敬您老人家。我知道咱家一直很困难，所以我的想法是，这一千两白银您留六百两还债，剩下四百两就接济穷亲戚吧。二姑家也难，三舅家更难，八大姨家那简直没法提了，也就趁此接济接济他们吧！"

银子和信一并寄出，曾国藩很是得意，认为解了家中之急，坐等老爹表扬。谁知表扬信没来，批判信倒来了，而且火药味十足。

写信的是他的两个弟弟。曾家五兄弟中，曾国荃和曾国华一向不对路，这回为了嘲讽曾国藩，两人居然联起手来。

这哥儿俩一上来就说："大哥你寄钱回家是好事，爹要是不在了，那长兄为父，我们听你的；但老爹还在，这钱既然寄回家，就该由老爹做主。你说咱家留六百两还债，四百两接济亲友，你知道家里欠了多少债吗？一千两！寄回的钱刚刚够还债。你倒好，还拨四百两给穷亲戚，莫非你有邀名之心？想作秀吧！"

曾国藩看了信，也是火大。好不容易赚了一千多两白银，自己留小头，大头寄回家，满心巴望家人给好评点赞，结果却是一顿冷嘲热讽。好在此时曾国藩的修身功夫已有精进，于是他压下火，给弟弟们回了一封信。

他在信中开宗明义地说："两位弟弟好久不见，隔这么远批评为兄，真是太好了！我身边就缺这样的人！你们问我是不是邀名，既然你们提醒了，我就要反思，但说老实话，还真没有。我不知道家里这么困难，但我想，无论自家多难，

穷亲戚毕竟更难，多少还是接济点儿吧！至于家里的债，我以后再寄钱。当然，最后主意不是我拿，我只是提建议。我想，不要六四分了，改为八二分，我们留八百两，两百两接济穷亲戚，你们看行不行？如果老爹不同意，还是按老爹的意思来。"写到这儿，曾国藩笔锋一转："好久没见你俩，我看这信是老三曾国华写的吧！字漂亮多了，文章也通达，说明你们学业有进步，哥哥我高兴呀！"

退一步海阔天空，这封信还真有作用，一场家庭纠纷消弭于无形。

曾国藩没做错，可为何还如此苦口婆心呢？

答案就在于"和"字。而关键是在家庭中不可说"利害话"。

"兄弟和，虽穷氓小户必兴；兄弟不和，虽世家宦族必败。"《曾国藩家训》中的这句话，与《诗经》里的"兄弟阋于墙"是同样的道理。再大的世家，再富的大户，兄弟不和，很难有大前途；反之，家庭和睦，那就是"兄弟同心，其利断金"，就算再穷，也能振兴。

曾国藩说："家和则福自生。"又说："子弟之贤否，六分本于天生，四分由于家教。"现代生物学研究证明，人的个性百分之六十由遗传基因决定，百分之四十由后天的成长环境决定。曾国藩的"家和"，就是在这人力可变的百分之四十上下足了功夫。事实证明，他的两个儿子曾纪泽与曾纪鸿都很友爱，也很优秀。

家庭不可说"利害话"

一个家庭当中，有各种生活琐事、家长里短，难免磕磕碰碰。关键是要把握分寸。这个分寸就是：不说"利害话"。

"利害"就是"厉害"。曾国藩在家书中曾经说："沅弟信言家庭不可说利害话，此言精当之至，足抵万金。"人都有棱角，尤其是生活在一起的人，距离近了，难免有磕碰。但亲人之间，执念不要太深。要控制自己，不说"利害"话，不说气头话。"利害"在这里有两层含义，一是指语气过重；二是指事关功名利禄，但最终，都要求"和"。

"和"，原指声音。《说文解字》里说"和，相应也"，就是应答的意思。《广韵》里说"和，谐也"，和谐而有共鸣，这才叫"和"。"和"字是口字旁，既是从口，说话就要小心，不能因为是家人，就无所顾忌，随意伤害。

文学史一般把《孔雀东南飞》定位为爱情悲剧，哭诉万恶的旧社会和封建家长制扼杀青年男女间的美好爱情。但如果回顾《孔雀东南飞》的开篇场景，就会发现，其实这是一出彻底的家庭悲剧。

庐江小吏焦仲卿，家在庐江郡，大概在省城当公务员，每个月只回一次家。焦家几代单传，就他一个男的。焦仲卿结婚之后，一个屋檐下住了三个女人——更确切地讲，是两个女人和一个女孩——他老婆刘兰芝、他妈妈焦母和他妹妹。

三个女人一台戏啊！

诗的开篇，就是焦仲卿某日刚回家就听老婆抱怨。抱怨什么呢？她说了一长串话，最狠的就是那句"君家妇难为，妾不堪驱使"，意思是你妈把我当牛马使唤，你老婆我太难了！结果焦仲卿一听就火大，"上堂拜阿母"，就去见他妈，见到后就说"女行无偏斜，何意致不厚"，意思是我老婆多好的一个人，你为何如此待她，为何不喜欢她呢？焦母本来就窝火，一听更窝火，说"小子无所畏，何敢助妇语"，意思是你真是不像话，居然帮着老婆说话。焦仲卿被老妈臭骂，只好灰头土脸地找老婆，"我自不驱卿，逼迫有阿母"，意思是我当然是爱你的呀，但问题是我老妈要让我休了你，你先回家住两天吧！

每个人都说狠话，都说"利害"话。

作为人夫和人子，焦仲卿着实缺乏智慧。婆媳易为敌，做儿子的要像外交官一样从中斡旋。可焦仲卿呢？常年在外，偶尔回家，不见老妈，先听老婆抱怨，又像传声筒一样，

把老婆的抱怨告诉老妈，再把老妈的抱怨告诉老婆。这不是煽风点火吗？所以后来没辙，只能休了刘兰芝。

刘兰芝离开焦家时，把压箱底的宝贝都拿出来了，穿得光鲜亮丽地与焦母辞别，说的也尽是讽刺的话，但是掉头与小姑子告别时，眼泪就下来了。一言以蔽之，对婆婆说气话，对小姑子说软话。所以刘兰芝不是不会说动情的话，而是偏不对婆婆说。

刘兰芝可不是一般人。被休后，县令儿子来了，知府儿子也来了，都来求婚。估计刘兰芝在当时得是"天后"级的。"十三能织素，十四学裁衣，十五弹箜篌"，才女啊！在那个年代，离过婚的女子居然还能让"官二代"争相追求，说明刘兰芝非常优秀。正因为优秀，面对焦母时才放不下傲气和自尊，殊不知亲人间，该放下的，还是要放下。

当然，这则故事里，焦母确实有封建家长的一面，但若细读，就会发现焦母还有鲜为人知的一面。

《孔雀东南飞》里，焦母共出场四次。

第一次是在开篇，儿子替老婆讨公道，焦母敲床痛骂儿子，坚持要休掉儿媳，还说"东家有贤女，自名秦罗敷，可怜体无比，阿母为汝求"，意思是我给你找下家。为什么强调其他姑娘"可怜体无比"呢？我左思右想，才恍然大悟！刘兰芝嫁到焦家好几年了，户口本上还是四个人：焦母、焦仲卿、刘兰芝和刘兰芝的小姑子，没生儿子！焦母估计急着抱孙子，而那位秦罗敷又可能有宜男相。

第二次是在刘兰芝上堂辞别时。儿媳一番气话，焦母虽恼，也没反驳。

第三次是在刘兰芝与焦仲卿相约殉情时。说到殉情，焦仲卿也真不算男子汉，一开始不肯死，非等刘兰芝新婚之夜死讯传来，确定她死了，才"自挂东南枝"——这是题外话。焦仲卿上堂拜阿母，表明与刘兰芝共赴黄泉的决心，那时候焦母急了，哭着求儿子，说：明天我就把东家秦罗敷给弄回来。可怜天下父母心，她到那会儿还不了解自己的儿子。

第四次是隐形出场。焦母一开始强势，但越往后越弱势。刘兰芝和焦仲卿殉情后有个细节，很多人没注意到。诗文里说"两家求合葬"，请注意，刘兰芝有妈妈在，有哥哥在，除此之外还有好多亲戚，究竟是谁来求合葬的，无从知晓。但是焦家只剩焦母和未成人的小姑子。谁来求合葬？一定是焦母。可见焦母最后也意识到自己错了，她也是个可怜人。

整个事件中，每个人都有责任，每个人都有决策。在决策中，多数人追求自由，逞一时之快，不考虑他人感受。这就是中国人的可怜之处——在外克制得好，温文尔雅，一回家就不管不顾，言行任性，往往既伤害家人，又被家人伤害。

其实，儒家强调的"和"，最初不是指在外和，而是要家和。按照西方的理念，修身之后，就可以出来成就事业了。但儒家特意在"修身"和"治国平天下"间放了"齐家"，就是强调"家和"的顶层设计。

"仁者爱人"是儒家很著名的理念，是要求儒生去体会人与人之间的情感。孔子的时代，需要强调的是对陌生人的真善美。而今天不一样了，今天人们彼此都陌生，所以今天要重提亲人间的情感，重提对亲情的珍惜与维系。血浓于水，能处理好亲情关系，自然能处理好更多、更复杂的关系。

人生最大的遗憾莫过于没有真朋友

中国是家族社会，也是宗法社会。家庭外有邻里，还有宗亲。不仅家庭内部要和睦，家庭外部也要和谐。

前面所讲"八宝饭"里的最后一个字"宝"，就是说要与邻里乡亲和睦相处，要把家庭的"内和"推而广之。

曾国藩在家书中说："有钱有酒款远亲，火烧盗抢喊四邻。"他认为，真正到了危难之际，还得靠邻居来帮忙。曾国藩常对儿子说："乡间无朋友，实在是第一恨事。"他深知官场的朋友多是一时，充盈着利益关系。一旦解职、退休或遭遇变故，很可能一瞬间"门前车马稀"。所以乡间若没几个穷朋友，若没几个真朋友，实在是人生最大的遗憾。

曾国藩还有一句名言，后来被曾家当作家训之宝，叫"让他三尺又何妨"。

当年，曾国藩在北京官越做越大，一直官至礼部侍郎，相当于今天文化和旅游部的副部长。官大了，老家房子就要翻修。二弟曾国潢霸道，仗着家里有人在北京当大官，就用围墙占了邻居家的宅基地。邻居家不干，要打官司。曾国潢火了，修书一封给大哥："大哥你都这么大的官了，跟当地的县衙打声招呼，好好治他们一下。"

曾国藩比曾国潢大九岁，几个弟弟都由他带大，一看信，就苦口婆心地教育开了："二弟，我教育你那么多年，我们曾家的祖训你全忘了吗？"然后就把清朝名臣张英的一首诗抄给弟弟——张英是康熙年间的大学士，也曾经遇到了相似的问题。

张英的那首诗共四句：

"千里修书只为墙，让他三尺又何妨？万里长城今犹在，不见当年秦始皇。"

意思是大老远寄封家书，只为修墙这件小事。一家一户能修多大的墙？都是乡里乡亲，退让一步也应该。想想长城，它的城墙规模够大了吧，建墙的人在哪儿？早死了！

见信后，曾国潢果然醒悟，不仅未占邻居的地，还主动将自家的墙退后三尺。邻居知道曾国藩写家书要弟弟礼让，觉得不好意思，也主动后退，一来一往，戾气变成了和气。

这就是邻里间的相处之道。

曾国藩认为，"和"之精神，是与人相处时宽恕的情怀。

用他自己的话说，就是："以爱妻子之心事亲，则无往而不孝。以责人之心责己，则寡过。以恕己之心恕人，则全交。"

曾国藩在谈"和"时，很强调"敬"和"恕"二字。

他说："敬以持躬，恕以待人。敬则小心翼翼，事无巨细，皆不敢忽；恕则凡事留余地以处人，功不独居，过不推诿。常常记此二字，则长履大任，福祚无量矣。"大意是，凡事要严于律己，宽以待人，不推卸责任，也不居功贪功；只有学会让与别人一些好处，才能更好地与别人和谐相处。

曾国藩还说："凡事须力戒争胜之心。"大意是，为人处世，可以有进取之心，但不可争强好胜，否则内失心性，外丢人心。

这其实是曾国藩的另一个长处，即"立人达人"，帮助别人成长。

在这方面，曾国藩堪称楷模。湘军一脉走出太多名将。对下，曾国藩从不贪功，且一碗水端平；对上，极力争取，举荐部下，绝不妒贤嫉能。所以湘军能拧成一股绳，极富战斗力。最典型的例子就是李鸿章，他反出师门好几次，但曾国藩并不以此为忤，仍旧提携照顾，大力举荐。若没有曾国藩，也不会有近代史上的李鸿章。

怨天尤人者，终将天怨人尤

"和"，既讲给他人，也讲给自己。

宽恕是一种美德。怨天尤人者，终将天怨人尤。仅此一点，就足见曾国藩眼光独到。

他说："大抵胸多抑郁，怨天尤人，不特不可以涉世，亦非所以养德；不特无以养德，亦非所以保身。"大意是，如果心中总有一股抑郁不平之气，又不加疏导的话，既不利于处世，也不利于提升自己的德行，于养生亦不利。

这几句话极富道理。一方面，无论古今，人总会有愤懑和不平，特别是在快节奏的现代社会，如何面对并驾驭自己的负面情绪，越来越考验人；另一方面，从人际相处的角度看，万事万物关联，总是怨天尤人，充满负能量，终会天怨人尤。你怨别人，别人也会怨你，事情绝对做不顺利。

父母对孩子也一样。如果父母总向孩子传递负面的情绪，抱怨社会，抱怨他人，抱怨孩子或自己的另一半，不仅影响自己在孩子心中的形象，还会让孩子从小养成一种刻薄、尖酸的习气，对孩子的一生都有负面影响。反之，如果父母心中有委屈、有不平，但能浑含蕴藉，自我驾驭，甚至自我化解，就会在孩子面前树立起"有担当"和"能包容"的形象，在潜移默化中帮助孩子懂得"海纳百川，有容乃大"的道理。

这就是由此及彼，由我及人。

第五章

慎独而心安

人生的"四大陷阱"

"和",是态度,也是境界;是原则,也是氛围。曾国藩心中的"和",与家庭相关,与邻里相关,与社会相关。最终,回归内心。

你我的"和",在哪里?

你我的"和",在心里。

曾国藩说:"祸机之发,莫烈于猜忌,此古今之通病。坏国,丧家,亡人,皆猜忌之所致。"之所以猜忌多发,全因"诚"字缺失。

如果说"省"是一种手段,"静"是一种状态,"勤"是一种投入,"和"是一种氛围,那么曾国藩教子法的第五法"诚"就是一种准备——"治平"的准备。

《曾国藩家训》里有一句名言："以自立为体，以推诚为用。""诚"这个字和人的本性关系甚大。

人性究竟"本恶"还是"本善"，几千年来争议不断。

先秦告子主张人性本无善恶。儒家亚圣孟子认为人性本善，受这一思想的影响，《三字经》开篇就说："人之初，性本善。"但同为儒家的荀子却主张人性本恶，荀子的一个重要证据，是人"生而好利"，直指人贪婪的本性与天生的占有欲。无论如何，对人性客观而理智地审视就是我们为人立品的一个重要前提条件。

人其实是一个矛盾体，善恶兼备。人必然有善的一面，否则亲人间不会有温情，朋友间不会存在友谊，陌生人间也不会本能地具有真善美的情感。当然，人也有恶的一面，比如，婴儿初生还不会讲话时，其动作就是"拿"，而非"给"，这在某种程度上意味着，人的天性里有占有欲，若不加控制，就会演化为成年人的贪婪。

曾国藩认为，要立诚，先要明白人生的"四大陷阱"。

他在家书里说："不贪财，不失信，不自是，有此三者，自然鬼服神钦，到处人皆敬重。"大意是，贪财、失信、自以为是都是人生的陷阱，要是克服了，鬼神都佩服你，众人皆敬重你。

贪财好理解。从幼儿心理就可管窥，人性本有贪婪之面。

例如，尽管一个孩童不喜欢某个玩具，可要是其他小朋友喜欢，就会立刻抢回来。若放任其占有欲发展，成年后就不再是占有玩具，而是占有资源、占有利益、占有功名。

失信与贪婪相连。所谓"欲壑难填"，为了满足贪欲，会有人不择手段，也会有人放弃原则，更会有人沦丧良知。于是人变得虚伪，不再诚实地面对他人和自我，就造成了"失信"。曾国藩说："今日说定之话，明日勿因小利害而变。"就是说，失信的反面是守信。只有守信，才能不被"小利害"遮望眼，才能真诚地面对他人和内心。

失信之后，往往自以为是。一般而言，遵守游戏规则的人，走大路，想阳谋，效率可能不如走小路、耍阴谋的人。不守游戏规则的人，靠一时投机，有时反倒能占有更多资源，获得更高效率，于是看不起正直而守规则的人，心中生出无名傲气，自以为是，这就是曾国藩说的"自是"。

此外，其实还有一个陷阱，就是嫉妒。曾国藩说："圣贤教人修身，千言万语，而要以不忮不求为重。""忮"是嫉妒，"求"是贪婪。人性恶的一面，多始于占有。占有不成，会心生嫉妒；嫉妒失据，就不择手段。所以，嫉妒也是一个可怕的陷阱。

总结起来，曾国藩认为人生共要克服四个陷阱：贪婪、嫉妒、不择手段和自以为是。克服了这四点，才谈得上"诚"。

然而，知易行难。

宋之问是唐代大诗人，是格律诗发展史上里程碑式的人物，与沈佺期并称"沈宋"。可惜宋之问诗写得好，但人品不行，总想往上爬。那时武则天执政，武氏有很多特殊喜好，她喜欢文人歌功颂德，生活也十分糜烂，有很多"面首"。宋之问自恃有几分姿色，就一心想攀附武则天。但据野史记载，他虽具才学，却有狐臭，因而并不招武则天喜欢。

武则天有两大面首，即张氏兄弟，一个叫张易之，一个叫张昌宗。得不到武则天欢心，宋之问就退而求其次，转而巴结那两个男宠。张氏兄弟本身没文化，为给武则天歌功颂德，就要招揽文人。刚好宋之问才学不错，就拜在张氏兄弟门下。据史书记载，为了讨好张氏兄弟，宋之问为其捧溺器，用白话文说就是侍候他们大小便。这种事只有勾践干过，可人家是为了复国。堂堂知识分子、士大夫，为两个没什么才学的面首去捧夜壶，也忒没骨气了！这就是为了欲望而不择手段、尊严丧尽的例子。

对上不择手段，对下则是嫉妒。

宋之问有个外甥，也是唐代大诗人，叫刘希夷。刘希夷家境贫寒，平常还要靠这个舅舅接济。有一次，刘希夷写了首《代悲白头翁》，里面有一句"年年岁岁花相似，岁

岁年年人不同"，于平易中见神奇，甚得歌行精髓。宋之问一看，知道此诗将来能红，就交代外甥说："这首诗你不要发表，让给舅舅我吧。"刘希夷没吭声，心里肯定在想："舅舅你人品也忒差了！不仅攀附张易之，还要剽窃我的作品。"于是照旧公布了这首诗，结果一时洛阳纸贵，人人传抄。宋之问得知后怒火中烧，心一横牙一咬，居然派人把这个外甥给杀了。

神龙政变后，张氏兄弟被杀，宋之问也被流放，最终客死他乡。后世虽惋惜其才学，但无人可怜他本人，这一切皆源于他未能躲过心中欲望。

汉字是世界上独一无二的表意文字，每个字背后都有着深厚的渊源。"诚"字之可贵，从造字法就能看出。

"诚"以"成"为字根，《说文解字》中说："成，就也。""成"原来就是"就"的意思。甲骨文中，"成"可以拆解成"虫"和"戈"，指兵器，但不是用来打仗的，而是用于祭祀的。祭祀时，礼器立起，祭天、祭地、祭神、祭祖先。所以《易经》中说"关乎人文，以化成天下"，这里的"成"意味着终极指向。

"诚"的言字旁，还体现了儒家的价值追求。

汉字中的形声字，其偏旁的作用很大，同类事物往往共用偏旁。比如说：从木的，有树林的树，森林的森，良材的材，都是木字旁；从水的，要么"三点水"，要么"两点水"；唯独从嘴的，有两个差别很大的偏旁，一个是口字旁，另一个是言字旁。

我觉得，这其中的规律是：吃喝从"口"，说话从"言"；动作从"口"，价值从"言"。但凡是言字旁的字，与道德或价值多少有点关系。有些音虽是从口中发出的，但没有价值感，于是便从"口"，如"哦""啊"。如果价值是负面的，如吼叫、怒骂、呵斥，往往也从"口"。但如果与价值有关，便是从"言"，比如"语"，吾之言也，语出如山；"诺"，不言则已，一言则以成诺——这个字最早在《左传》中是口字旁，后来慢慢变成了言字旁。

可见，儒家所谓微"言"大义，一切正是"言"之有据。"诚"与"信"皆是立身的根本。

曾家的孩子本领都很大。但孩子越有才华，曾国藩就越担心，总在家书里提醒他们，越有才学，就越要提防人生的"四大陷阱"。同时，追求真纯亦需讲方法。

曾国藩认为，"诚"发生在对真善美的追求中，先真而后善、美。若不真，便谈不上善、美。

所以他说："灵明无著，物来顺应，未来不迎，当时不杂，既过不恋，是之谓虚而已矣，是之谓诚而已矣。"所言无他，心境空明，一片活泼，也就是回到儿时的心境和状态。无独有偶，道家始祖老子甚至希望葆有婴儿的至真至纯之境。

那么，曾国藩认为怎样达到"诚"的根本呢？答案是：请找到儿童时的心灵状态。

儿童之状态最真实、最自然、最活泼、最生动、最不做作、最不虚伪。所以，要做到"诚"，先要不虚伪，要回到最本真的状态。这时心灵就像打开了窗户，阳光普照。

但曾国藩又提醒，在这个空间内，还要注意另一个方面："凡与人晋接周旋，若无真意，则不足以感人；然徒有真意而无文饰以将之，则真意亦无所托之以出，《礼》所称无文不行也。"大意是，自然本真当然好，但还要有所修炼，辅以适当的文饰和升华。

当初商鞅在秦国变法，刚开始时阻力重重，加之商鞅是卫国人，跑到秦国执行变法，权贵们对他的变法主张嗤之以鼻，而下层百姓更是对他充满了不信任。

商鞅实在是一个懂得诚信的重要作用并且深谙如何将其表达出来的人。他在颁布各项变法法令之前，首先做的一件事却与变法无关。

商鞅在国都市场的南门立下一根长达三丈的木杆，随即公开下达招募令，承诺能将这根木杆搬到北门的人可以得到十两黄金的奖赏。

秦国的百姓对此感到十分惊奇，不知商鞅大人的葫芦

里卖的是什么药，况且将这样一根木杆从南门搬到北门也不算什么特别困难的事，怎么可能一下子就给十两黄金的奖赏呢？所以，围观的人虽然越来越多，却没有人敢上前应命。

商鞅并不着急，当他看到此举已吸引了多数人的目光时，便下达了第二道招募令：若有人能将这根木杆搬到北门，就能得到五十两黄金的奖赏。

人群哗然。五十两黄金可不是一个小数目，足以让任何人为之心动不已了。可是把木杆搬到北门，就真的能拿到黄金吗？

虽然充满了怀疑，但是在五十两黄金的诱惑下，终于还是有人挺身而出了。一个汉子走出人群，扛起木杆就走。人群轰动，大家跟着他不离不散，商鞅严肃的神情中却露出一丝不易被人察觉的微笑。

没用多长时间，也不用费太大力气，这个秦国的汉子就将这根三丈长的木杆从南门搬到了北门。他将木杆竖在地上，心里实在对那五十两黄金不抱太大的希望，毕竟权贵戏弄百姓也不是一回两回了。当他擦完额头上的汗，刚要转身离开时，被商鞅叫住，当众赐予他五十两黄金。这一下人群更加轰动，商鞅趁势鼓动说："今日徙木颁金，只为取信于民，此后所颁法令，一如徙木之信！"

商鞅徙木立信的消息一下不胫而走，此后颁布变法法令，百姓再不怀疑犹豫，纷纷遵照实行，从此变法大幕拉开。商鞅用诚信改变了秦国，也改变了整个中国的历史。

一生只求"心安"二字

前面的例子既反映了"诚"的能量，也透射出"诚"的方法。而"诚"还有一个根本，即不亏心。

曾国藩的日记号称"东方《忏悔录》"，他将这种坦诚称为"血诚"。

曾国藩说："人无一内愧之事，则天君泰然，此心常快足宽平，是人生第一自强之道，第一寻乐之方，守身之先务也。"

曾国藩在人生的最后关头，让曾纪泽当着自己的面，向全家人念了一份事先写好的遗嘱，才溘然长逝。曾国藩在这份遗嘱中为孩子们提出了四条人生建议，分别是"慎独则心安""主敬则身强""求仁则人悦""习劳则神钦"。前面所言回到本真状态、有所修炼，其实归根结底就一条，即面对内心时不感到亏心，无愧于自己内心最真实的状态，正是此处这句"慎独则心安"。

"慎独"这个词出自《礼记》。

　　《礼记》中的《大学》《中庸》两篇都说君子应该"慎其独"。意思是说，一个君子，不仅应该在人前表现出君子风范来，更应在独处的时候以同样的标准要求自己。也就是不论人前人后，不论外表内心，都要始终如一，诚以对人，诚以对己，一生只求"心安"二字。

　　司马光就是一个"慎独则心安"的人。

　　成人世界里，最令司马光出名的是《资治通鉴》；儿童世界里，小朋友都知道"司马光砸缸"的故事。但司马光还有一个关于"诚"的故事。

　　小时候的司马光很聪明。但聪明的孩子往往都有毛病，什么毛病？心思活。活泛之后，虽然本真生动，但很容易滑入前面所讲的人生陷阱。我们常说，孩子是天使，但有些孩子也是"熊孩子"。为什么会这样呢？因为缺乏引导。

　　司马光五六岁时，有一次，仆人给他一个胡桃。他想吃，但是胡桃皮硬剥不开，于是就找姐姐帮忙，两个人还是剥不开。后来姐姐因故离开了一会儿，刚好有个仆人经过，就拿来一碗滚烫的开水，把胡桃泡在水里，热胀冷缩，胡桃的皮一下子就开了。

　　仆人走后，司马光正对着胡桃发愣，姐姐回来了，看到胡桃被剥开，惊叹不已。

　　司马光心想："咱去年就砸过缸了，今年连个胡桃都弄

不开，多不像样！"所以，当姐姐问是不是他想出的办法时，司马光就认领了功劳——这就是聪明孩子的虚荣心。

这时候，突然进来一个人。谁呢？司马光他爹。这爹真是不一般，早就在门口站着了，但他一声不吭，看着仆人帮司马光剥胡桃皮，看着司马光撒谎。直到司马光撒了谎，他才施施然进来，进来后就是一路追问："是你剥下来的吗？你老实说是你吗？"

当司马光被迫招认时，他爹又紧跟着一通教育："一个聪明人如果讲诚信，这对他的人生乃至整个社会都是大有好处的；如果不讲诚信，品质恶劣，那聪明就变得可怕了，毁人毁己毁社会，还不如不聪明！你小时候要是有这个苗头，老爹可不看好你！"司马光的眼泪扑簌簌地掉下来了，当场发誓，一生以诚为本。

这件事对司马光的影响很大，后来他终生以诚自立。

《宋史》中这样评价他："自少至老，语未尝妄，自言：'吾无过人者，但平生所为，未尝有不可对人言者耳。'诚心自然，天下敬信，陕、洛间皆化其德，有不善，曰：'君实得无知之乎？'"

核心意思，还是一个"诚"字。

司马光"吃胡桃难剥胡桃皮儿"的故事最早见于宋人笔记《邵氏闻见后录》。其中最让我觉得感慨的一点就是，司马光的父亲明明看到了仆人剥胡桃皮的过程，但他既不在仆人出现之前去帮自己的儿子，也不在仆人走掉之后去看司马光吃胡桃，更不是在女儿问司马光是不是自己想出办法的时候现身，而是要在司马光撒谎之后现身说法，这不能不说是一种极高明的教育方法。

今天，在我们教育孩子之际，除了理念上的坚持，在方式方法上也应该多学学司马光的父亲，好的方法有时要远远胜过简单的说教。

人心之间，权术敌不过"推诚"

"诚"之于曾国藩而言，不仅可用以教人教子，更可用以"治平"。

在曾国藩看来，"驭将之道，最贵推诚，不贵权术"。人心之间，权术敌不过"推诚"。

在曾国藩那个时代，整个社会的价值体系都崩塌了。在他写的《讨粤匪檄》里，没有一处为清政府的腐朽而痛心，反倒通篇为儒家文化将遭灭顶之灾而疾首。他说："此岂独我大清之变，乃开辟以来名教之奇变，我孔子、孟子之所痛哭于九原，凡读书识字者，又乌可袖手安坐，不思一为之所也？"

　　湘军很特殊，九成主将做过文官，起初都是没拿过刀枪、没打过仗的知识分子，靠信仰走到一起。曾国藩能将这些人的心聚齐，关键就靠"诚"字。他说："天下滔滔，祸乱未已；吏治人心，毫无更改；军政战事，日崇虚伪。非得二三君子，倡之以朴诚，导之以廉耻，则江河日下，不知所届。"

　　"倡之以朴诚，导之以廉耻"，曾国藩从自己做起，影响一个是一个，影响一批是一批，影响一代是一代，心胸之大由此可见一斑。后来，他能发动洋务运动，与这一点可谓不无关系。

　　那时的知识分子大多狭隘，看到清政府被西方列强打得不像样子了，还偏执地认为"尔乃蛮夷"。任何时候，要想逆时代之偏见而上，都需要极大魄力和极高眼界。而曾国藩和他的同学兼好友郭嵩焘，就是这逆流中孤独的先行者。

　　郭嵩焘，曾国藩同窗好友，湘军的创建者之一，中国外交史上的领军人物。在别的官僚都不肯去国外，都认为做大使就是当人质时，他主动要求出使英、法，成为中国首位驻外使节。曾国藩则顶着官场同僚的嘲笑，支持容闳实施了著名的"留学生计划"，后来容闳因此被称为"中国留学生之父"。

洋务运动开始时，奕䜣主张直接买外国军舰。奕䜣是上司，曾国藩不好反驳，就回答道："可以买，但工厂也得建。"这就是"徐图自强"，要有自己的根本，不能总依赖别人。

曾国藩讲，要做时代的强者，必须得靠自己，不能指望别人，这就是对自己的"诚"。

细细想来，曾国藩也是儒生，也对西方文化与文明感到陌生，可他为何能心胸如此开阔？答案就在"诚"字！以"诚"向己，以"诚"向人。如同海纳百川，则百川归流；如同壁立千仞，则满山从容。

第六章

关于学的
五个问题

学习是为了成就无憾的自我

"诚"乃立世之本，于国、于家、于己，都须讲"诚"。

对于人生修炼而言，"诚"以博大心胸，如器之先有容。有容，才腾挪得空间，才有现实的功用。

讲"诚"，行"诚"，融"诚"于身，方可推"诚"以为用。

而"学"，关乎"儒本"。

"儒本"，就是儒家的根本。

前面已经提到，《大学》中有"儒生八要"，即"格物、致知、诚意、正心、修身、齐家、治国、平天下"。"儒生八要"里，最根本的是"修身"。"格物、致知、诚意、正心"讲怎么修身，"齐家、治国、平天下"则又建立在修身的基础上。

修身，最看重"学"。"学"也正是曾国藩教子的第六法。

孔门弟子三千，贤人七十二。其中有三人最突出：子路、子贡和颜回。

子路是勇气和担当的代表，他能赤手空拳打死老虎。子路平生冲动，但最终取义而死，颇为壮烈。他那时任卫大夫孔悝之邑宰，适逢卫国内乱，子路为救主不肯独自逃难，说"食其食者不避其难"。与叛军战斗时，他寡不敌众，临死之际还镇定地大呼："君子死，冠不免！"意思是，正直的人死时，帽子不能不正，衣服不能不整。因为在儒家看来，正衣冠，如正人生！

子贡是"知行合一"的代表。孔子带学生周游列国十四年，他可不是一个人旅游，而是带着庞大的旅游团。之所以能一路走来不差钱，就因为有子贡这样的学生给赞助费。据司马迁统计，子贡位居"先秦富豪榜"前列。一般使者到诸侯国去，大王坐殿上，使者站殿下，行外交礼。唯有子贡去，大王得从殿上下来站到左侧，子贡站右侧，两人拱拱手，行平等礼。由此可见子贡的能耐威望。

但孔子最喜欢的，是颜回。孔子晚年周游列国回去后，鲁哀公请他吃饭，顺便就问："孔老师你也是国家级名师了，肯定教过不少好学生……"这时子路站在旁边特得意，觉得是在说他。结果孔子很感伤地说："好学生嘛，以前倒有一个，叫颜回，颜回死后就没听说有什么好学生了。"

子贡能力那么强，子路那么有担当，其他弟子中军事家、外交家、文学家比比皆是，为何孔子偏爱颜回呢？

因为颜回有"儒本"，有学习精神。

一般人读《论语》，大都知道颜回"一箪食，一瓢饮，在陋巷，人不堪其忧，回也不改其乐"。有人可能以为这是隐逸之乐、安贫之乐，其实不然，这是治学之乐。子贡就很佩服颜回的治学之乐，他说："一般人只是闻一知一，像我这种聪明人闻一知二，而颜回可以闻一知十。"

这才是大智慧。

颜回之所以能"闻一知十"，得益于其终身治学的态度。

儒家的精华体现在个体上，就是不放弃每个人，让每个人都能成就自我，但是这一切有个最重要的前提条件，就是要修身——要有学习的品格，学习的快乐，学习的人生姿态。

在孔子看来，在儒家看来，最快乐的事莫过于学习，学习是为了成就无憾的自我。

曾国藩也这么看。

他说："吾辈读书，只有两事。一者进德之事，讲求乎诚正修齐之道，以图无忝所生；一者修业之事，操习乎记诵词章之术，以图自卫其身。"这句话精练总结了学习的两点作用：进德与修业。

进德，是说读书使人不断进步，这样人生就没有遗憾。在儒家看来，学习是终身修行。只有当学习成为生命姿态，人们才可以不断提高境界。曾国藩很喜欢给人相面，号称"晚清相面大师"，他曾说："人之气质，由于天生，很难改变。"但他又说："唯读书则可以变其气质。古之精于相法者，并言读书可以变换骨相。"此话听来玄妙，但若细想，非常有道理。

修业，即人在社会当中生活，得有专业，得有特长，得找到适合自己的安身立命之所。所以，千万别以为大儒追求空洞无形。儒家很实在，大儒更实在。"以图自卫其身"这句就很实在，曾国藩亲自解释道：在某个领域深入学习，不仅可使人立足于社会，也是养生的好方法。

多先进的观点啊！

之前有研究人员发现，人类面临的最大疾病杀手是心脏病，而与心脏病关系最密切的不是生理因素，而是社会因素，是一个人的受教育程度。有一份调研报告指出：一个人的受教育程度越高，患心脏病的可能性就越低，反之就越高。

才学不是空中楼阁

每个人都希望自己有才，可惜不是每个人都有才。

但一如曾国藩所言："勤学问以广才，扩才识以待用。"每个人，都可以学习成才，得尽其用。

陈子昂，就是榜样。

十八岁之前的陈子昂，还是个"富二代"、小混混。他家原是蜀中巨富，所以他既不上学也不做事，整天跟混混们玩在一起，用文言文说，就是交友多"飞鹰走狗之辈"。如果任其发展，保不齐就是唐代的纨绔少爷。一次偶然的机会，陈子昂与小混混们在街头走散，迷路经过书院，听到琅琅书声，就站在院外看，看了一会儿又进去听，觉得无比美妙。

此前不读书之人，就因为生活中这么一个小小契机，触发了心底的某种情愫，回家后居然就找书来看。看着看着，就跟混混们割袍断义，一头扎进书堆里。加上家里不差钱，于是买来"三坟五典"，闭门谢客，奋发读书。

三年间，陈子昂读尽天下书，提笔即成文。

可惜，文章写了没人看。

陈子昂开始推销自己，从家乡跑到长安搞广告策划——

他很有意思，搁现在肯定是一个广告学大师。

有一天，他在长安最热闹的集市上看见有老者卖琴。琴是一把传世古琴，标价千两白银。围观者虽多，但没有人肯掏这么多钱。于是陈子昂挺身而出，不仅买下古琴，还当众宣布："我这个音乐天才一辈子都没找到好琴，今天终于遇到一把，三天之后，长安城外，凤凰阁上，我为大家弹奏一曲，一定是绝世好声音！中国最强音！欢迎大家来听。"

这就引起了轰动，娱乐媒体四处报道，小道消息八方传播，说有个小伙子花千两白银求好琴，三天后在凤凰阁公演。三天之后，社会名流、达官贵人、平民百姓云集凤凰阁，眼巴巴等着陈子昂那惊鸿一曲。陈子昂也不含糊，一身白衣，款步携琴，直登高阁。

当所有人屏气凝神，只等天籁飘过时，只听"啪"的一声，陈大少爷把古琴砸了个粉碎。

小伙伴们都惊呆了！这声"啪"，难道就是中国最强音？

大家问："你不是要弹琴吗？"陈子昂朗声答道："子昂负不世之才学，熟读经书，满腹经纶，大丈夫立身处世，当报效国家，建不世之功业，岂能斤斤于小道？"意思是，弹琴不过是乐工小技，大丈夫要的是报效国家，建功立业。我有满腹才学，可惜娱乐当道，旁人不识真才实学。今天把大家叫到这里，不是为了演奏这种小技巧，而是要让大家看看我的才学！说完立即当众分发自己的作品。

大家先一看，陈子昂人长得帅，白衣玉带；再一看，陈子昂的作品也绝，都是绝世好文章、好诗词。一夜之间，洛阳纸贵，遍地传诵，陈子昂自此名声大振。

摔琴换名，绝对是整体营销、国际4A公司的水平。

但是，才学不是空中楼阁，如果陈子昂没有惊人才学，再华丽的包装也没有用。

试想：如果武大郎去做这件事，肯定失败；西门庆做，也必定不会成功。那么武松呢？成功概率大一些，但还是不如陈子昂。为什么呢？气质不一样。如果没有与之匹配的气质，行为艺术就会变成作秀，变成闹剧，而不是慷慨激昂的正剧。

陈子昂三年苦读之后，终于脱胎换骨，卓然新生，从街头混混变成了真正的儒生、士大夫，才最终有了长安摔琴，一举扬名。而这种精气神的彻底变化，就源于他的"学"。

儒家认为，为学不论早晚。

陈子昂十八岁才读书，三年气质大变；苏东坡的父亲苏洵二十七岁读书，大器晚成。他们身上的质变，从外在看是气质之养成，从内在看是精神之成长。曾国藩很看重这种成长，他认为，只有靠读书和学习，才能养成人的气质，形成良性循环。这也正是曾国藩妙论"省事是清心之法，读书是省事之法"之所来。对于自己的家族、自己的子孙，他的期望亦与此说一致："吾不望代代得富贵，但愿代代有秀才。秀才者，读书之种子也。"

至此，我们解决了第一个问题：为何学？

条条大路通罗马

第二个问题就是：学什么？

曾国藩认为，什么都值得学，每门学问都很深。正所谓，条条大路通罗马。

大儿子曾纪泽参加科举考试时，曾国藩已任两江总督，但非常自律，叫儿子科考时不要交游官员，不要报他爹的名号。结果曾纪泽在湖南乡试中落榜。

那时曾国藩还在打仗，听闻儿子落榜，本来要问一下情况，但还没等他写信，一封告状的家书来了。

信里说，曾纪泽太不像话了，回家之后表态要放弃科举考试！

在古代，知识分子要出头，只有科考这"华山一条道"。唐伯虎一生孤愤，就是因为受徐霞客的高祖徐经牵连，终身被取消了考试资格。所以，当曾纪泽宣布放弃科考时，宗族长辈大为震怒。

别说那时，就是搁现在，要是孩子突然说要放弃高考，当爹的也得急！但曾国藩却没急，他写信给儿子，大意是："不想参加科考也没什么，因为考不考试不是最重要的事，但学不学习却是一生中的头等大事。科考限定了经制文章，你不想学也行，但你打算学什么呢？"

曾纪泽说："我当然不是想放弃学习，我只是不想参加那个腐朽僵化的考试。至于想学什么，我想学西方的社会学、语言学。"

曾国藩当即回复："好，没问题！"立即花钱请老师教曾纪泽，并支持他从此不再参加乡试科考。在旁人惊异的眼光与议论声中，这对儒生父子找到了教育与治学的真谛。

老二曾纪鸿当时还很小，甚至连一次乡试都没参加过。他一看哥哥的表率，也给曾国藩写信说不要科考。曾国藩又问："那你想学什么呢？"曾纪鸿回答说，要学西方的数学和物理学。

好吧，没问题！那就不参加"高考"。想学的东西，也一样请老师来教。

更难能可贵的是，曾纪鸿的太太郭筠也是个喜欢读书的女性。郭筠喜欢文学与历史，这一方面曾国藩绝对是大家。在那种重男轻女的社会环境下，曾国藩对儿媳的这个爱好甚为支持，所以在教儿子的时候还顺便教儿媳。在曾国藩的引导下，郭筠通读了《十三经注疏》和《资治通鉴》，成了一个有名的才女。

让我们回到弃考的问题。这不要说在那时，就算是在当下，曾氏父子三人的选择也足可谓是"惊天地"和"泣鬼神"了。

但事实证明，他们的冒险是值得的。后来，曾纪泽精通英、法、俄三国语言，出任驻英、法大使，成为中国近代外交史上的领军人物。而曾纪鸿也因为所学对路，从原来的爱玩、不务正业变得立志苦学，成为一名数学家。

曾国藩自己走的是科举之路，却宽容孩子们，尊重孩子们的选择，实在是太智慧、太明智了！为什么他有如此眼界呢？这与他对学问的认识有关。

曾国藩将治学之法认识到了极致。他说："大抵有一种学问，即有一种分类之法，有一人嗜好，即有一人摘抄之法。"

他认为，每种学问都有内涵，有分类方法，从本源论之，不论学什么，只要能由表及里地去掌握这门学问，都能抵达治学的最高境界。正所谓"三百六十行，行行出状元"。

当时的知识分子大多夜郎自大，看不起西方的自然科学，视之为奇技淫巧。曾国藩是儒生，不懂自然科学，但他有开阔的眼界，后来还发起了洋务运动，单就这一点，他在中国历史上的影响，就远比那些只知邀名的"清流"们强得多。

当然，曾国藩最看重的，还是经史。

他说："学问之道，能读经史者为根柢。"

经学已然无须赘言，儒家社会中，"十三经"是文化的根本之道，直到现在，国学诵读也多从经学入手（其实经学的本质就是哲学）。

我在前面讲曾国藩修身养性的"日课十二条"时已经说过，经学之外，曾国藩还看重史学。要知道，其他学问面对的是自然事物，唯有史学面对的是人和人的活动。在中国社会的文化环境里，大凡有成就者或特立独行之人，对中国历史和世界历史都研究掌握得比较透彻。

从历史上看，朱元璋在学问上是半吊子，其智慧全在于掌握历史。唐太宗李世民更是依靠了史学家底。他跟隋炀帝有可比性，两个人都排行老二，都好色，都弑兄逼父，都有道德污点，也都聪明绝顶。但是为什么一个成为千古一帝，一个却背负了千古骂名呢？我读《贞观政要》和《帝范》，发现他们的区别就在于：隋炀帝擅文学，喜欢写诗；李世民擅史学，爱好研究历史。

李世民有一个著名的"三鉴论"——"以史为鉴，以人为鉴，以铜为鉴"，最后固化为成语，就只剩下了一个："以史为鉴"！

一书不尽，不读新书

我们再来看第三个问题：怎么学？

曾国藩说："一书不尽，不读新书。"

这其实就是对"精读"的强调，在当下尤其有重要的借鉴意义。今天这个时代，信息化带来阅读的网络化、碎片化和空泛化，在扩大知识传播的同时，不可避免地导致了阅读质量的退化。

书要精读——不是不能泛读，而是不能不精读。

有人说，读书是私事，你又何必去管怎么读！

的确，读书是私事，但也是民族大事。读书影响全民的思维状态，思维状态又继而影响国民素质，乃至影响民族发展的动力和方向。作为读书人，我最感焦虑的，就是当下精读之书越来越少，泛读之字越来越多。

通过曾国藩的另一句话，可以管窥今日问题。

他说："读书之法，看、读、写、作，四者每日不可缺一。"

"看""读""写""作"，这四点不是简单并列，而是一种逻辑递进的关系。从信息接收的角度说，由"看"开始，到"读"出声来，再到"写"和"作"，是从被动向主动的发展。

其中，"看"最被动，而被动阅读一般分两种，一种是一目十行，另一种是半天看不了一页，两者最后都会被动成习惯。可见，学习最重要的两件事，一是养成好习惯；二是养成好方法。

"读"比"看"要更主动，因为"读"要出声，一旦发声，就无法忽略，这是强制进入主动状态，但还不够理想。

"写"就不同，落笔时，思维瞬间由被动变主动，而唯有主动性的思维才能解决问题，才能不流于形式。

"作"比"写"又进了一步，"写"可以是碎片式的，而"作"必须是整篇文章，不仅要有主动思维，还要有系统观念、逻辑思考、全局把握和细节推敲。

由是观之，思维的这四种状态，不仅是由被动变成主动，更是由碎片化向系统化的发展。

早在几十年前，北岛先生就曾歪打正着地预示过当下社会的弊病。他写了现代诗中最经典也最短小的一首，题目是两个字——生活，正文只有一个字——网，寓意着生活是一张网。

有趣的是，现在很多人每天睁眼的第一件事是拿手机，睡前的最后一件事是拿手机，从白天到黑夜，从喜悦到悲伤，五分钟就要拿一次手机上一次网。饭桌上、地铁上、公交上，人人都在上网，生活从早到晚确乎围于一张无形之网。

今天，阅读、获取信息变得十分便捷，但这也导致了一个十分可怕的阅读习惯——碎片化与浅表化。这种习惯最大的恶果之一，就是整个社会越来越不思考，越来越满足于是非判断而非价值判断。甚至连知识分子也不再沉心思考，只作浅表阅读，下情绪断语——这正是知识分子"泼妇骂街"奇景出现的根源。

无法抵达思想的深层，是当下社会真正危机之所在。

古人讲究背书。曾国藩自己就怕背书，所以对儿子并不苛求，甚至对曾纪泽直言"尔不必求记"。

但是，他的要求在其他方面。

首先，比起背书，他更看重的是"无一日不读书"。在曾国藩看来，读书的功夫不在强记，而在积累："凡读书有难解者，不必遽求甚解。有一字不能记者，不必苦求强记，只须从容涵泳。今日看几篇，明日看几篇，久久自然有益。"

其次，书不必背，"却宜求个明白"。曾国藩主张看书的时候"略作札记，以志所得，以著所疑"。他要求儿子在反复的阅读中，不断质疑，不断提问。"凡读书笔记，贵于得间。"所谓"得间"，就是找到他人疏漏之处，而这背后的支撑就是怀疑精神。

所以，读书之法完整地归纳起来，应是有五大方面："看、读、问、写、作"。

这五个步骤是治学之关键，是学习之大方法的真正所在。

学习要"取法于上"

知道了应该怎么学，接下来所面临的自然就是第四个问题：跟谁学？

曾国藩在家训里说："凡做好人，做好官，做名将，俱要好师、好友、好榜样。"唐太宗在遗训里也讲："取法于上，仅得为中；取法于中，故为其下。"

要治学，就要取法于上，要找最好的老师。说到拜师，冯友兰先生就很反对现在大学的教学模式。他认为年轻学子若真想求学，一定要拜在某师门下，称某某门下弟子，这样才能求得真学问。这其实也体现了"跟谁学"要"取法于上"的道理。

近几年，有关太极宗师杨露禅的故事一直被翻拍，他本人其实就是"跟谁学"的最好注解。

杨露禅，河北邯郸人，身体羸弱得很，喜欢武术，拜了好多老师，都不得真传。后来到药店做学徒，掌柜姓陈，看上去弱不禁风，结果地痞流氓来闹事，一个云手就把流氓摔出好远。杨露禅高兴极了，要拜他为师。陈掌柜告诉他，这门学问叫绵掌，是太极拳前身，自己是跟太极宗师陈长兴学的，力劝杨露禅要学就跟最好的老师学。后来，杨露禅跑到陈家沟，想拜陈长兴为师，可陈氏绝学不传外人，自然被拒之门外。

杨露禅立志求学，岂可放过，就开始坚持。他扮成乞丐，奄奄一息地躺在陈家门前，获救后被收作仆人，于是一边干活，一边偷学。当然，最终还是被发现了，但陈师傅被如此赤诚感动，将太极拳法传给了他。后来，杨露禅开宗立派，创造了太极拳最重要的一个分支——杨式太极拳，这就是"拜最好的老师"和"学习要坚持"的结合。

股神巴菲特也是如此。巴菲特从小就是天才，五岁摆摊卖口香糖，七岁捡名人打过的高尔夫球卖，十一岁买了人生第一支股票，后来一生炒股。申请研究生时，巴菲特没被哈佛大学录取，转投哥伦比亚大学商学院。

哥大有位著名的投资学大师叫本杰明·格雷厄姆。当时美国经济正处于"二战"之后的快速复苏与发展阶段，华尔街盛行投机，唯独格雷厄姆反对此风，崇尚理性投资、价值投资。巴菲特很擅长投机，但他极富前瞻性地意识到

格雷厄姆的投资理论才是他要"取法于上"的目标，便义无反顾地投到本杰明门下。

尽管起初每年的回报率只有二十几个百分点，甚至比不上我国某些操盘手取得的成绩，但每年都能按这个比率递涨。四十年下来，巴菲特缔造了股神奇迹。后来，巴菲特总结说，自己的人生转折点就是拜格雷厄姆为师。

选择什么样的老师不仅能决定人生，有时也能影响全人类的命运。

比如古希腊摔跤手阿里斯托勒斯。

古希腊人重运动，摔跤是一项辉煌的事业。摔跤手都给自己起绰号，阿里斯托勒斯的绰号叫"宽"，我们姑且称其为"阿宽"。阿宽是贵族子弟，魁梧壮硕，很是英俊。一天去练习的路上，经过雅典广场，阿宽看到一个干瘪老头在演讲真理问题。真理玄之又玄，也没多少人听，阿宽就凑上去，一听居然茅塞顿开，好像对老头所讲很有共鸣。结果阿宽回去后，毅然放弃了摔跤事业，拜这个干瘪老头为师。

这个选择对人类意义重大，因为那个老头叫苏格拉底，阿宽是柏拉图。

类似的例子不胜枚举。

子路自幼家贫，后混迹于市井之间，天生勇力，性子十分冲动。他听说一个叫孔仲尼的人是大贤，十分不服。于是有一天，他头上插着野鸡毛，腰间别着野猪牙，背上扎一把宝剑，恶狠狠地就去会孔子了——野鸡与野猪都是极好斗的动物，他佩戴这些装饰的意图显而易见。当时孔子正在讲学，看见子路这身打扮凛然不为所动，而子路听了孔子所言仁爱礼乐，伫立良久，幡然醒悟，拜孔子为师，成为《论语》中出现次数最多、对后世影响甚广的孔门大弟子。

国学大师梁启超少年成名。他六岁就学完了"五经"，九岁能作千字文赋，十二岁时中了秀才，十七岁更是高中乡试，成了举人。中举的时候，主考官内阁大学士李端棻眼毒，认定梁启超"国士无双"，主动提出把自己的堂妹许配给他。哪知曾经高中状元的副考官王仁堪也想把女儿嫁给梁启超。最终，李端棻因为抢先一步，抢走了这个众人眼中公认的有着大好前程的天才。

在李、王眼中，梁启超的大好前程不外乎接着走科举之路——考取进士应当毫无悬念，说不定还能像王仁堪那样中个状元，顺风顺水地步入朝廷，身列九卿。可是，事情接下来的发展却出乎所有人的意料。

梁启超考中举人后回到家里继续备考，一日被一个叫陈千秋的同学拉去旁听康有为讲学。一堂课后，梁启超如醍醐灌顶，茅塞顿开，当即决定放弃科举之路，拜师康有为，重新修正自己的人生道路。由是，近代中国少了一个梁姓的进士，但多了一位伟大的思想启蒙家、政治活动家与国学大师。

所以，师法决定着传承，而薪火相传又决定着人类文明的走向。

学习贵在坚持

明白了为何而学，懂得了应学什么，明白了怎么学，解决了跟谁学的问题之后，还有很关键的一个保障，也就是学习要注意的第五个问题，那就是：学习贵在坚持。

治学分阶段，阶段有要务。

曾国藩说："学贵初有决定不移之志，中有勇猛精进之心，末有坚贞永固之力。"这句话可与"盖士人读书，第一要有志，第二要有识，第三要有恒"相参照。

治学，先要有志向。"学贵初有决定不移之志"，治学要有强大的气场，要有坚定的志向。曾国藩看重年轻人治学时的志向，认为这既是品格，也是方法。

古代有几个著名的借光读书的事例。

第一个是西汉的"匡衡凿壁借光"，第二个是东晋的"孙康映雪夜读"，第三个是东晋的"车胤囊萤夜读"。这些方法用一次不难，坚持用很难。但是，但凡坚持下来的人，大多成为后世楷模。匡衡后来成为西汉的太子少傅；孙康是东晋御史大夫；车胤更生猛，是东晋吏部尚书。

看到这里，肯定有人会问："为什么这些人白天不读书，非要晚上瞎折腾？"

这不是作秀。

他们是农村子弟，日出而作，日落而息，白天要辛苦耕作，只能用晚上的休息时间学习。另外，古代穷人家里之所以要日落而息，是因为灯油很贵，点不起灯。《儒林外史》中的吝啬鬼严监生之所以临死时不闭眼，就是因为看见灯里点了两根灯芯，觉得太浪费灯油！

曾国藩曾说"人有三穷"——有人手穷，有人眼穷，有人心穷。

手穷，就是物质匮乏。但是，手穷并不可怕，眼穷、心穷才可怕。一般人说人穷志短、马瘦毛长，但匡衡、孙康、车胤这些人，人穷志不短，他们手穷、眼穷，可心不穷，真正体现了"学贵初有决定不移之志"。

治学，还要有坚持。"中有勇猛精进之心，末有坚贞永固之力"，意思是，一旦选择了学习方向，就不要犹豫。纵使人的本性里有贪婪、有嫉妒、有犹豫，但选择了就不要轻易间断。

历史上有个著名典故叫"孟母三迁"，讲的是孟子他妈原来带着儿子住在墓地附近，小孟子看人家发丧就跟着学那些动作，孟母一看，这还得了！于是把家搬到菜市场边。谁料小孟子又跟着屠夫学吆喝，他妈就再搬家，搬到学校旁。这一次孟子跟人学读书，孟母就高兴了，决定留在这个地方。

一直以来，大家都认为是"孟母三迁"造就了孟子，其实不然。"孟母三迁"并没有改变孟子。因为这个故事的后续是这样的：孟子虽然进了学校与其他小朋友一起读书，但也没认真学，几天后就开始逃学了。

所以重要的不只是环境。

真正让孟子发愤苦读的，是"孟母三迁"后的那个故事，叫"孟母断织"。

有一天，孟母正在织布，见孟子又逃学回来，突然拿起剪刀把一匹快要织好的布咔嚓一下剪断。

这在古代可是大事，因为那时织一匹布很难。想当年织女为了赎董永，跟员外打赌，十天织一百匹布——贵为神仙，不眠不休，动用法力，一天也只能织十匹布。《孔雀东南飞》里说刘兰芝"三日断五匹"，搁现在绝对属于"三八红旗手"和"全国五一劳动奖章"获得者。

孟子父亲死得早，加之他家是从城外搬到城郊接合部，然后又挤进市中心，学区房的价格可想而知。孟母是怎么做到的呢？就靠织布。孟母织布可以说是全家的主要生活来源。所以，孟母突然一剪刀下去，可把孟子吓坏了。

《列女传》中记载，孟母对孟子说："子之废学，若我断斯织也……今而废之，是不免于厮役，而无以离于祸患也。"意思是，你废学跟我断织是一个道理，再这么下去，将来你的人生就没有希望了，你离倒霉就不远了！

话虽说得重，但孟母并没有对孟子正颜厉色，挥刀向布匹之余，更没有挥刀向儿子，而仅仅是呈示出一个严重的事实以作警醒。从此，孟子洗心革面，"旦夕勤学不息，师事子思，遂成天下之名儒"。

儒家亚圣之养成，除了孟子自身的坚持，还要衷心感谢孟母的坚持。贵在坚持，也是身为父母的我们需要随时提醒自己的根本所在。

第七章

学到的东西要在心里酝酿，在心里绽放

思考是"复明"之法

为何学？学能增才。

学什么？不分门类皆可学，尤需学史。

怎么学？看、读、问、写、作，切记主动学。

跟谁学？拜名师，取法于上。

如何学？坚持，坚持，再坚持。

这就是曾国藩的"学"字法，这就是儒本之"学"。

曾国藩有门绝学，用学生李鸿章的话说叫"挺经"。但曾国藩自己一般称之为"明强挺经"，"明"和"挺"也就是曾国藩教子的第七、第八法。

"明"这个字，由"日""月"组成，是光的意思。于个体，"明"可指眼光，眼里的光。人眼以眼球最为重要，眼球三百六十度，一半向外，一半向内。这就寓意着，既要看外面的世界，也要进行内在的审视，内外都有观照，才叫有眼光。

有眼光的人是智者。何为"智"？上"知"下"日"，意思是每日都要有所知、有所思。那什么是"思"呢？上"田"下"心"，沃于心田也，就是学到的东西要在心里酝酿，在心里绽放。要达到"明"的境界，就要重视"学"与"思"的关系，所以曾国藩特别强调"思与学不可偏废"，尤其思考是关键的关键。

《论语》中有句大家都烂熟于心的名言，叫"学而不思则罔，思而不学则殆"。这两句非常凝练地直指当今社会的教育问题。

学生应该做的是读书、思考和成长，从而获得人生价值。但现在的学生疲于做题和考试，在社会风气的影响下不择手段地占有教育资源，进而占有社会资源，最后成为"精致的利己主义者"。于是，孩子们"学而不思"，成了做题和考试的机器。"罔"是什么？"罔"是迷惑。有的纨绔少年拿过各类证书，成绩也不差，但还是迷失。为什么迷失？就因为"学而不思则罔"。

如今的成年人，学习靠"转发"，思考靠"分享"，发表观点靠"点赞"。多数人只停留在"想"字，已经很久没有"思"了。或限于字数，或困于精力，人们习惯于靠社交网络传递知识，但这些知识本身就是零碎片段，不成体系。日积月累，就导致了"有想法，没思想"的共性生态。殊不知，系统和逻辑的贯穿，才是学习要害。看到一些思想的火花，以为这就是思想，着实走了弯路。

中国人的读书状态很"惨"。据数据统计，前几年我国人均年阅读量不到五本，而韩国是十一本，法国是二十本，日本则多达四十本。最让人感到汗颜的是，全世界人均年阅读量最高的，是战火连天的以色列，高达六十本，周阅读量超过一本。莫说我们只是别人的零头，就这不足五本的数据，据说还算上了中小学教辅。

造纸术、印刷术属于我国古代灿烂的"四大发明"，结果在这个对人类阅读事业做出巨大贡献的国度，国民自己不读书——或者说，我们不再阅读书本。当然，电子阅读也有其可取之处，但是，以网络阅读为代表的电子化阅读并非真正意义上的阅读，而是碎片阅读。诚然信息化是大势所趋，但万物发展自有利弊，遗憾的是，我们在利弊取舍上未经斟酌，未思选择，集体无意识地进入了碎片化阅读时代。

要想让自己复"明"，就要重新阅读，重新思考。

思维模式很重要

既然说"思与学不可偏废"，既然说思维模式很重要，那什么样的思维状态才最好？

有一段话，曾国藩本放在"为政"的角度说，但可以从中管窥他对思维的认知。他说："细思为政之道，得人、治事二者并重。得人不外四事，曰广收、慎用、勤教、严绳。治事不外四端，曰经分、纶合、详思、约守。"前讲人才，后讲做事，也是讲治学。

曾国藩说，好的思维模式应该是首先"经分"，然后"纶合"。

我们常说"满腹经纶"。经，就是蚕丝做的丝线；纶，就是将丝线揉成绳子。为何用"满腹经纶"来形容有学问之人？因为"经纶"糅合可以做成绢布，在纸张出现之前，书写都在帛绢上完成。

"经分"是指条分缕析，每一条丝线都要分清楚，这是讲分析的方法，而分析恰是中国文化的一个缺陷所在。心理学是现代社会学的重要基石，而心理学最重要的基石是精神分析学，精神分析学的奠基之作就是弗洛伊德的《梦的解析》。

但是，最早研究梦的是谁呢？

是中国人。

三千多年前，有一位叫周公旦的人，后来有一本托他之名所写的书叫《周公解梦》。不论此事确实与否，也不论是否系周公所写，至少说明中国人在很久之前就把梦作为研究对象了。但是为什么我们没有产生精神分析学，没有产生心理学，反而退化成了迷信？区别就在这两部书的名字上。人家叫《梦的解析》，我们叫《周公解梦》，比人家少了一个字——析。

"析"是什么？分析。

"解"又是什么？剖开。

剖开之后要分析，一旦分析，就有了实验主义科学精神。西方自然科学建立在实验主义科学精神的基础上，最重要的一点，就是将研究对象条分缕析，这也是最基础的科学思维。可惜我们在这一块很薄弱，所以才有李约瑟之问："为何近代科学没有产生在中国，而是在十七世纪的西方，特别是文艺复兴之后的欧洲？"

其中至少有一个原因，就是缺少分析。

然而，曾国藩懂分析。

"经分"，然后"纬合"。"纬合"，就是把解析后的结果归纳综合。哲学中最根本的方法论有两条：归纳与演绎。

曾国藩的认识体系更完备：先分析，后归纳，再详思约守。"详思"，是指反复揣摩细节；"约守"，是守规律，即找到每门学科里最本源的规律，然后遵循它。

"解析"是复杂化，"归纳"是精练化，"详思"是否定之否定，"约守"是在规律基础上对事物进行把握。各环节层层递进，非常科学。曾国藩作为一个纯粹的儒生，能想到这一层，眼光了得。

要将内在修炼转化为实际磨砺

更难能可贵的是，曾国藩不仅明白分析的重要，更提倡要将内在修炼转化为实践磨砺。"思"与"学"要兼得，"思"与"用"也要兼得。所以，"明"的第二点，就是要学以致用，在实践中锻炼出真正的眼光与判断力。

曾国藩认为："若读书不能体贴到身上去，谓此三项与我身了不相涉，则读书何用？虽使能文能诗，博雅自诩，亦只算得识字之牧猪奴耳。"有些知识分子，虽风雅自诩，但总是自说自话，典型的"自留地文人"。曾国藩认为，若没有"家国天下"的文化情怀，这些附庸风雅的文人和能识字的牧猪奴没什么区别。

实际生活中，往往理论是一回事，实践是另一回事。

富兰克林是美国新教文化重要的弘扬者，对美国现代文化的影响很大。他年轻时意气风发，报纸上皆是其专栏文章。

有一次，他在报纸上发表了篇《论谦逊》后，去拜访本地的一位智者。当时富兰克林年轻，说是向老者讨教，其实得意之情溢于言表。富兰克林大步流星地走到老者家门口，看到对方坐在院子里笑眯眯地看着自己，就兴冲冲地走了过去。没想到人家门檐矮，一下撞到门檐上，下意识地赶紧低下头去。

进门之后，老者还是笑眯眯的，只说了一句话："今天收获很大吧？不低下头来，怎知谦逊呢？"话外音就是："你不就是想来让我看看你的那篇《论谦逊》吗？生活里不低下头来，哪有真正的谦逊？"闻此，富兰克林折服。

曾国藩讲究"用"。

他说："心常用则活，不用则窒；常用则细，不用则粗。"这当然不是说直接求现实功用，而是说内在修炼要放在现实中磨砺。再大的才学，不放在家国天下、社会民族的氛围里，即便有建树，在文化史上也难以成为真正的知识分子。知识分子不是"知道分子"，不必什么都知道，但要有眼光、有判断，能在积累知识的基础上形成思考。而这种判断和思考，又一定要与社会结合才最圆融。

释迦牟尼原来是迦毗罗卫国的王子乔达摩·悉达多，虽一心向佛，但也只是有念头而已，并不识人间疾苦，也没有实际行动。终于有一天，他下定决心走了出去。

出宫城北门，看见一对夫妻汗流浃背地在耕作，无人照料的婴儿在大哭；出东门，看见老者奄奄一息，凄凉悲苦；出西门，看见壮汉躺在农舍床榻上，浑身脓疮，苍蝇乱飞；出南门，看见送葬者恸哭，惨惨戚戚。至此，乔达摩·悉达多终于看见生老病死，于是迈出了人生的关键一步，立志解救苍生。这就是关心生命，使才学得以致用。

中国古代也有这样的人物。有个年轻人叫墨翟，早年拜在儒家大师门下，学做儒生，但是他来自社会底层，总觉得儒生为贵族阶层服务，不能真正帮助百姓。所以他后来反出儒家，自立门户，提倡"兼爱""非攻"，自创墨家学派。这就是关心社会的人才有的悲悯情怀。

还有前面提过的郭嵩焘与容闳。晚清时，主流社会以为欧美皆蛮夷，但曾国藩的师弟兼好友郭嵩焘不顾其他知识分子的流言，主动要求担任驻英、法大使；十三岁的容闳在美国教父询问是否愿意去美国时，只说了三个字：我愿意。这就是关心世界的人才有的果敢和勇毅。

从这些事例可以看出三个层次：关心生命、关心社会、关心世界。只有做到这样，"学"才可以致用，才可以真正知行合一、思用统一，才是真正的"明"。

大处着眼，小处下手

厘清了"思"与"学"、"思"与"用"的关系，下面谈"明"的具体落实。也就是：大处着眼，小处下手。

《曾国藩家训》里说："凡办大事，以识为主，以才为辅；凡成大事，人谋居半，天意居半。""识"是眼光，是判断力。相比之下，"才"只起辅助作用。徒有才学而缺乏判断力，不可担当大用。真正独当一面的人，要有从大处着眼的能力。后半句是"谋事在人，成事在天"的意思，认为有些事情不可强求。用曾国藩的另一句话解释，就是"尽其在我，听其在天"。

天意毕竟难驯。从"尽其在我"这方面来看，首推识见之明。

所谓识见，曾国藩说："天下事当于大处着眼，小处下手。"于大处着眼，是要有运筹帷幄的全局观；于小处下手，是要有植根细节的执行力。

毛泽东讲过"予于近人，独服曾文正"，认为曾国藩与洪、杨的最终一役，堪称完美。与洪、杨一役，即指与太平天国农民起义军的一战。

我以前十分不理解这句话，曾国藩老打败仗，屡战屡败，连他自己都说平生有两大克星：自己这边是左宗棠——两人老吵架，曾国藩口才没有左宗棠好，吵不过他；对手那边是石达开——曾国藩每遇石达开必败，以至于听说石达开来了，都不敢到前线去，只在后方指挥。打败仗后，曾国藩动不动就自杀、跳水——老搞"自杀秀"，为什么还能说是"完美无缺"？

随着研究的深入，我却越来越体会到这句话所言之深刻。战术上曾国藩是败将，但战略上他是大师。彼时，太平军攻克南京，改南京为"天京"，作为都城，清八旗、绿营和地方团练迅速云集南京城下，建立了江南和江北大营，皆是因为擒贼先擒王，谁攻下南京城，谁就获得了首功。湘军将领们也强烈要求去南京抢头功，但曾国藩就是不同意。

一部《易经》，其实只在说两字：一是"局"；二是"势"。曾国藩认为，在这场局里，最要紧的是布局，是占先势。中国地势，北高南低，西高东低，这场决战将在长江中下游地区展开，所以应着眼于长江中下游的四大据点，即湖北武昌、江西九江、安徽安庆和江苏南京，逐一攻克，才能压缩太平军的生存空间，获得最终胜利。

太平军那边没有战略大师。天京内乱后，信仰崩溃，洪秀全把主将杨秀清和其他核心将领都杀了，石达开也离开了太平军。好在洪仁玕来投奔族兄洪秀全，搞出了干王新政。

提起干王新政，一般会想到天朝田亩制度，但其实那个制度并没有被完全实践。洪仁玕最大的功绩是设计连破江南、江北大营，全歼清军主力数十万。但是这场所谓太平天国最重大的胜利，其实反而是其最大的败笔。

那时，作为清朝中央军的八旗和绿营早已腐败透顶，缺乏战斗力，围了南京城十几年，无尺寸之功，说白了就是陪衬。真正有战斗力的是湘军。当时这场仗，三方在打——太平军、政府军（绿营、八旗）和湘军，但是，对抗太平军的主角不是湘军，而是绿营和八旗。因为绿营和八旗是清政府军，湘军属于地方武装，而且是汉族知识分子搞的地方武装，所以不被待见。

清朝的皇帝比怕洪秀全还怕湘军壮大。

当初，洪秀全攻克武昌后要来南京，曾国藩组织湘军夺回了武昌。战报传来，咸丰皇帝高兴得手舞足蹈，立即下旨嘉赏，要封曾国藩为湖北巡抚。旁边一个大学士就劝他："皇上，您乐过头了吧，这事儿没那么值得高兴。您想，曾国藩一介文士，退籍在家，为母守丧，登高一呼就四方响应，连洪秀全都打不过他，这哪里是好事！"咸丰一听，一个激灵，一身冷汗，沉吟半晌才说："才走了半个洪秀全，又来了一个曾国藩。赶紧把那道圣旨追回来，湖北巡抚不给他了。"

这就是满汉相防。

太平军只要不灭清政府军，这场仗就是三方在打。清政府军的绿营和八旗相当于原配，湘军只是小妾，是扶不上去的。只要维持这个局面，太平天国就没有灭顶之灾。可洪仁玕毕竟不是战略家，而只是战术家，把数十万清军主力一下子给灭了个干净，局势顿时就被扭转了。

之前曾国藩向咸丰皇帝要一个江西巡抚，耍赖都要不到，被压制到如此地步。但随着江南、江北大营被克，圣旨立刻就到，直接任命曾国藩为两江总督兼钦差大臣、兵部尚书，主管四省军政要务的湘军被扶正了，小妾变成了正夫人，太平天国的灭顶之灾也来了。

所以，洪仁玕搬起一块大石头砸了自己的脚。

反观曾国藩收拾洪、杨二人，不紧不慢，可知谁才有"于大处着眼"的智慧。

有了全局观，还得从小处着手，关注细节。

曾国藩可以算是中国近代企业史上第一个搞团队培训的人，也是第一个强调细节管理的人。他认为细节决定部队的素质，所以建立军营时主张"扎硬寨，打死仗"，并且每次都亲自巡查，连部队的训练细节也都亲自设计。

曾国藩说："古来才人，有成有不成，所争每在'疏密'二字。"意思是，所有成就事业的人，其关注点就在两个字："疏"和"密"。这与"于大处着眼，小处下手"有异曲同工之妙："疏"就是于大处着眼，"密"即指于小处下手。

放眼人类战争史，败于细节的例子不胜枚举。

我们来讲讲三个关于马夫的故事。

英王理查三世平叛都铎，战斗力是他这一方强，名义上他也是正义的一方，平叛成功原是大势所趋。可战前他让侍从官给战马钉铁掌，并告诉马夫当夜必须钉好。马夫觉得时间太紧，问能不能宽限到次日早晨。答曰不行，今晚必须弄好。问题又来了：马掌不够用。于是，理查三世就让马夫将马掌匀着钉，按说每个马蹄要钉四个，现在有两个马蹄只钉了三个。结果第二天作战，千钧一发的冲锋时刻，马掌脱落，马匹摔倒，理查三世徒呼奈何。后来英国文学里有首民谣唱的就是这场战争，大概意思是：因为一个马掌，输掉了一场战争；因为一场战争，输掉了一个国家。

不光欧洲有马夫的故事，中国也有。

先秦时，郑、宋两国决战，当时郑国强，宋国弱，但宋国有个名将叫华元，向来以弱胜强，这一次也是派他来领兵。宋国兵将对华元期望很高，他自己也信心满满。决

战前一天，华元下令做羊羹犒赏三军——"羹"原意不是一碗肉粥或肉汤，而是烤羊肉，烤到汁水流出来才叫"羹"。羊羹在那时是规格非常高的美食，最后羹不够分，只剩下华元的马夫没分到。华元心想，一介马夫，不分就不分了吧。

结果第二天，马夫直接驾着马车把华元送去了郑国军营。主将被俘，这场仗也就不用打了。

后来陈胜、吴广的例子就更是有名了。大泽乡农民起义，风起云涌，直接引发了大秦帝国的崩盘。陈胜历史功绩卓著，可后来到了决战时刻，却因为功高气盛、呵斥马夫而出了岔子。而且陈胜的马夫更厉害，直接把主子给杀了。

所以，千万别小看"马夫"，千万别忽略细节。

要善于抓住要害

明白了大势之明、细节之明，还要懂得要害之明。

曾国藩讲："肢体虽大，针灸不过数穴；疆土虽广，力争不过数处。"意思是说：人的肢体虽大，针灸的穴位不过数处，但一个穴位就足以影响一片躯体；疆土虽广，战略据点就那么几个，占据了有利地形，胜利就指日可待了。

要善于把握事物发展的关键环节。这个观念，即使在现代管理学上也非常超前。它其实是中国的易学文化。西方现代社会学中的控制论、信息论，说到底是在验证我们的易学。如果除去易学中玄虚迷信的部分，用可以理解的方式来阐释之，就能看见易学的科学性。

易学认为，每个人都生存在一个系统里，这个系统中有很多元素，所有元素相互关联和影响。其中，有些元素的影响是决定性的，有些则是次要的，有些甚至起不到任何作用。而《周易》就是要通过占卜，找到可以引导整个系统向良性发展的"元信息"。

这就好比找到多米诺骨牌中的第一张牌。多米诺骨牌里，每张牌的作用都不一样，中间的牌可能会影响后面的牌，但是对前面的牌不会产生影响，只有第一张牌能作用于整个系统，这第一张牌就叫"元信息"。

可见，《周易》的理论体系其实很科学，但对于《周易》是如何以占卜的形式找到"元信息"的，科学无法解释，这就是它玄虚的地方。

曾国藩不故弄玄虚，只讲要害。沿长江中下游的四个据点挤压太平军的生存空间，就是抓住了要害。他在三千年未有之大变局的时代筚路蓝缕，一手开创了洋务运动的资本主义改革局面，更是抓住了近代中国变革的要害。这种眼光，这种执行力，才是真正的"明"。

教育孩子读书、学习，也是如此。

只要抓到要害，分析清楚问题，并能够在大处着眼，小处下手，做到知行合一，那么自然就会解决关键的教育问题，使孩子有眼光、有判断，能在积累知识的基础上形成属于自己的思考，进而成长为一个懂得"明"的有价值的人。

第八章

行动力与执行力

即生时不忘地狱，虽逆境亦畅天怀

窥一斑而知全豹，牵一发而动全身，见一叶落而知天下秋。

所谓"明"，在曾国藩看来，就是以大局眼光，求细节完善，运筹帷幄，找准全局中决定系统良性走向的"元信息"。

虽然很难，但曾国藩努力在做。

今天的我们，不能比古人差太远。

"学""明""挺"三法其实紧密相连。"学"是基础，"明"是判断，"挺"是行动。"挺"既然是行动，某种意义上要更为重要，是门大学问。

在《曾国藩家训》里，"强"不叫"强"，叫"倔强"。曾国藩说："男儿自立，必有倔强之气。"

"强"到底是什么？倔强之力和强毅之气又到底是什么？是我们一般认为的忍耐？抑或不过是像打不死的"小强"一般抗击打而已？

有这层意思，但还不止于此。

坦荡为"挺"，阳光为"挺"。

曾国藩是战略大师，这一点连毛泽东都相当佩服。但他不是战术大师，连战术高手也不算。1854 年前后，曾国藩在江西遭遇太平军翼王石达开，每战皆败，惨到要跳鄱阳湖自杀，要撂挑子不干了。

曾国藩讲究"诚"，所以给朝廷上报战况时从不像后来的军阀那样瞒报谎报，只准备老实说最近是屡战屡败。当战报就要被送走时，曾国藩突然灵感来了，立刻提笔修改，把"屡战屡败"的次序变了，改为"屡败屡战"（当然，也有学者认为系幕僚所为）。

有一个心理学术语叫"习得性无助"，它是美国心理学家塞利格曼通过动物研究实验得出的一种普遍存在的心理状况。

塞利格曼先是把狗关在笼子里，铃声一响，就施以电击，狗逃不出来，只能忍受。当这种模式成为习惯之后，他在铃声响前就把笼子打开，但在铃响到施以电击的这段时间里，狗宁可呻吟着准备接受痛苦也不愿逃出笼子。塞利格曼把这种因为经常失败而导致的对自我的放弃称为"习得性无助"。

后来他又通过很多其他的实验方式证明，大多数人身上也有这种"习得性无助"的心理，这种心理最典型的特征就是在反复的失败面前，由对环境的恐惧延伸到对自我能力的怀疑，最后导致对自我的放弃，具体表现就是面对命运与挫折时的无奈与无助。

毫无疑问，"屡战屡败"这个词序中就隐含着这种"习得性无助"的心理。但调整一下顺序，"屡败屡战"就完全将其颠覆了。"习得性无助"的本质不是对恶劣环境的恐惧，而是对失败命运的恐惧，所以曾国藩用"屡败屡战"颠覆了它，这是一种对命运、自我的超越。所以他所说的"倔强"，已然从面对困难时性格上的"不懦弱无刚"上升到超越自我的"立志的倔强之气"。

咸丰皇帝平时很讨厌曾国藩，两人总是斗气，像小孩一样吵架。

当年咸丰皇帝让曾国藩出兵，曾国藩不肯，咸丰皇帝就在圣旨里骂他。圣旨是最高级别的公文，咸丰皇帝也顾不上了，破口大骂："你这个缩头乌龟，你这个胆小鬼！平常牛皮吹得震天，现在让你出来走两步，你走两步给爷看看！"皇帝有旨，大臣必须回复奏折。

　　曾国藩也回了，可竟然在密折里耍赖："皇上你说得没错，我就是胆小鬼，我就是缩头乌龟，打死我也不出来。"后来，曾国藩向皇帝要权，咸丰皇帝又因满汉相防而有所顾忌，没答应。反正两人就是看对方不顺眼。

　　更早时，咸丰皇帝刚上台，那会儿曾国藩还在北京当官，竟公然在朝堂之上批评咸丰皇帝，说"年纪轻轻的，不知诗为何物，还要出诗集，搞得像文学青年一样"，气得咸丰皇帝要宰了他。

　　简言之，这仿佛是一个耿直的员工和他的老板之间的故事。

　　但咸丰帝看了"屡败屡战"的战报后，居然一声长叹，直说曾国藩实非常人。能让一个平素瞧不起自己的皇帝，在看完"屡败屡战"后心生感慨同情，实在不易。所以千万不要小看文章之道，曹丕当年讲，文章乃"经国之大业，不朽之盛事"，文字的力量就是思想的力量。原来的"屡战屡败"只反映出灰暗心态，而"屡败屡战"里就折射出了阳光姿态，这就是"挺"的心态。

　　古希腊有个著名的神话，主人公西西弗斯本是一个英雄，神为了惩罚他，就让他每天从山脚把巨石推上山。可刚到山顶，才歇了一口气，这块大石头因为太重，又滚落回山脚，他只好第二天再重复一遍。神的意思是：你不是自诩英雄吗？我偏要让你完成一件不可能完成的任务，让你永远没有希望，让你永远灰心丧气，让你直接患上抑郁症！

哪知西西弗斯很强大，每天把石头推到山顶，再开心地看着石头滚下去，心想："我明天又有事做了，要不然活着干什么呢？"神想让他屡战屡败，但他却屡败屡战，所以最后战胜了神，赢得了人们的尊重。

这就是心态的力量。

不仅要做打不死的"小强"，还要做快乐的"小强"，享受打不死的过程。

当然，这不是宣扬盲目乐观，而是说对现实坎坷应该有所准备。

我们知道，曾国藩是楹联大师。他曾经写过两副楹联。

一副是："天下断无易处之境遇，人间哪有空闲之光阴。"

另一副是："战战兢兢，即生时不忘地狱；坦坦荡荡，虽逆境亦畅天怀。"

第二副我尤其喜欢。它是说人要有敬畏心，因为乐极易生悲，得意易忘形，所以一定要有所敬畏，要对生活的坎坷与磨难有所准备。

曾国藩曾对儿子说："吾生平长进，全在受挫辱之时。务须咬牙厉志，蓄其气而长其智，切不可茶然自馁也。"大意是：回想我这一辈子，但凡人生境界向前迈步，都是经历大磨难、大挫折时，这时候一定要咬牙挺住，发愤崛起，切不可沮丧颓然。

曾国藩如此，古代贤人亦如此。曾国藩总结说："古人患难忧虞之际，正是德业长进之时……圣贤之所以为圣，佛家之所以成佛，所争皆在大难磨折之日。"所以磨难挫折是个好东西，没有磨难的人生才是危险的人生。

"先天下之忧而忧，后天下之乐而乐"的范仲淹就是一个很好的例证。

范仲淹与曾国藩很有缘分。不仅两人观点有相似之处，连谥号也都叫"文正"。当然，范仲淹更苦。两岁时，范仲淹的父亲就死了，之后母亲改嫁到朱姓人家，就给儿子取名为朱说。古代女人改嫁并不光彩，所以当妈的也没和他多说，直到二十岁，范仲淹都不知道自己本姓是范。

朱家家境不错。范仲淹在朱家有个堂弟很是纨绔，范仲淹作为堂兄难免要教育他，结果堂弟随口甩出一句："我自用我们朱家的钱，又没有用你们范家的钱，你操什么心！"范仲淹这才知道自己姓范，不姓朱。

男儿大丈夫，不知祖姓，愧对祖先。于是范仲淹不愿再寄人篱下，与朱家划清界限，辞别母亲和养父，自立门户。此后生活拮据，竟到了"断齑画粥"的地步。"齑"是酱菜，

"断"即是切。《湘山野录》记载:"范仲淹少贫,读书长白山僧舍,作粥一器,经宿遂凝,以刀画为四块,早晚取两块,断齑数十茎啖之,如此者三年。"大意是,范仲淹把隔夜的稀饭冻成块,再用刀切成小块,就着咸菜吃了三年。

范仲淹与汴京留守的儿子是同学。汴京留守是大官,所以他儿子的生活条件也好,看范仲淹每天断齑画粥,很是过意不去,就让仆人每天给范仲淹送饭送菜。几天后,他去范仲淹那儿一看,发现饭菜纹丝不动,当下就很不开心,质问范仲淹是不是嫌饭菜不好,为何不领情云云。

范仲淹笑了笑说:"老同学别生气,我其实非常感谢你!情谊我领,但菜我是想吃而不敢吃啊!为什么呢?因为吃了你的好饭好菜,我就吃不下自己的野菜冷粥,可你不能供我一辈子啊!所以我要控制住欲望,这样才能坚持理想。要是适应不了逆境,怎么去恢复祖先的荣耀呢?"

可见,范仲淹已对迎接困境和磨难做好了准备,"虽逆境亦畅天怀"。范氏此举,亦应了曾国藩所言:"天下事未有不从艰苦中得来,而可久可大者也。"

在经得起磨难的同时,人还要懂得克制。

所以,曾国藩讲《挺经》时,特别提醒要提防私欲。

说到私欲,又要讲到前面已提过的袁世凯和汪精卫。

先说袁世凯。

即便是很讨厌袁世凯的李鸿章，也说他有经国之奇才。袁世凯二十三岁时以帮办军务的身份驻扎朝鲜，年纪轻轻治理朝鲜，把日本人耍得团团转。他还在天津小站中推行了现代军事制度改革。中华民国建立之后，袁世凯出任总统，其实不光是孙中山谦让，也算民意所向。

这里要廓清一个认识上的误区。很多人都以为孙中山先生是亚洲历史上第一个民主共和政府的第一任总统，其实不然，孙中山先生只是临时大总统，亚洲第一个民主共和政府，也就是中华民国的第一任总统是袁世凯。所以，哪怕袁世凯是庸人一个，只要他能安稳度过总统任期，就可以名垂史册而不朽了。可他偏偏要逆历史潮流，复辟帝制。

原因就在于袁世凯有一个解不开的心结。

算命的说他活不过六十岁，又说袁家人除非当皇帝，否则都活不长。袁世凯一看，他的父亲、祖父，包括他著名的叔祖袁甲三确实都没活过六十岁，就不由得头大了。再加上他儿子和杨度等人的撺掇，袁世凯就由"头大"变"头昏"了。

袁世凯求神问卜，想预知复辟后袁家王朝的命运。算命的装神弄鬼后算出一个数字：八十二。袁世凯当时琢磨：八百二十年？不太可能，周朝也没超过八百年。八十二年？

差不多，足够了，总比王莽篡汉强多了！可是他做梦也没想到，只是八十三天。

前面说到，曾国藩也有造反的条件，而且比袁世凯的还要好。但曾国藩的梦是圣贤梦，袁世凯的梦是皇帝梦，所以后者没能绕过私欲，一世英明沦丧殆尽。

汪精卫也是一样。他年轻时长得帅，才学又好，还是同盟会元老，意气风发，勇气加身，只身暗杀摄政王载沣，失败被捕，狱中题诗。如果当时壮死，一世英名，恐怕不逊于陈天华的"难酬蹈海亦英雄"。可惜世上没有"如果"。汪精卫后来心结难解，竟被日本人一点点地拉下水去，终成千古汉奸。

汪精卫和袁世凯都很有才，唯独难以逾越心中私欲。而只有逾越了私欲，才是"明强"。

强者自胜，弱者胜人

我们说了，心态是"挺"的前提，那么接下来的就是实践。所谓实践，讲的是行动力与执行力。

李鸿章和曾国藩的孙女婿吴永后来在文章里都提过《挺经》，他们对《挺经》的理解值得参考。

曾国藩去世多年后，吴永一日问李鸿章："文正公当年说有《挺经》，是不是有这么回事？"李鸿章回答说："我老师的秘传心法《挺经》有十八条。这真是精通造化、守身用世的宝诀。我且试讲一条给你听……"

这就说明，曾国藩确有《挺经》，可惜现在已佚，流传的版本大都依据后人想象而编。所以《挺经》当时可能是口头作品，没有成书，只在弟子中流传。

那日，李鸿章没讲理论，而是讲了一个故事。

有一个老农，家里来了贵客，他要请人家留下来吃午饭。临近正午，让儿子到集市上去买菜，自己则陪着客人闲聊。

过了很久，算算儿子该回来了，可还是不见人影。毕竟这不是待客之道，于是老农赶紧跑出去找儿子。跑到村口一看，儿子正挑着菜担站在田塍之上——田塍是江南水乡水田中间的那道窄长的田垄，上面一般只容一人通行——对面有个货郎，也挑了一个货担，互不相让。

老农心急如焚，赶过去就对这货郎说："我家来了贵客，等着这菜，你个子高，站到水田里头让一下，我儿子不就过来了吗？大家不用耗在这里。"货郎一听就不高兴了："你儿子不过是挑着蔬菜，湿了还可以用；我挑着南北干货，湿了怎么卖？为什么不让你儿子下去？"

这是一个比较平常的生活场景，但解决起来也是门

学问。

李鸿章问吴永该怎么办，吴永眉头一皱，答不上来。

李鸿章一笑道："我老师说，当时这个老农一听，便脱了鞋袜说，既然年轻人你不肯，老朽我下水田，你把货担顶在我头上，你侧身绕过，让我儿子过去，这样总可以了吧！那个年轻人一看，老伯年岁已大，如此甚不好，算了吧，还是退让了。"

吴永一听，就这个故事？这就叫《挺经》？

李鸿章再笑道："这个老农，他只挺了一挺，一场争竞就此消解，缘何不'挺'呢？"又说："这便是《挺经》中开宗明义的第一条！"吴永回去后琢磨了半天，也没有真正理解。

有的学者说，其实很简单，就是老子所说的"将欲取之，必先予之"。可如果真就这点儿内容，有必要说是不传之绝学吗？后来，吴永又琢磨出了一条，见于《庚子西狩丛谈》："大抵谓天下事在局外呐喊议论，总是无益，必须躬自入局，挺膺负责，乃有成事之可冀。"就是说应该是"挺身入局"——碰到困难，不要退让，要入局解决之。

但光是"挺身入局"四字仍显单薄，背后一定还有其他深刻内涵。这个内涵究竟是什么呢？

有一条重要线索可以帮我们解开这个谜团。这个线索就是第一个提到《挺经》的、曾国藩的好朋友欧阳兆熊。

欧阳兆熊在《水窗春呓》中说曾国藩"尝自称欲著《挺经》"。这句话的后面还有四个非常关键的字,叫"言其刚也"。这样一来,全句表述就变成了:

"(曾国藩)尝自称欲著《挺经》,言其刚也。"

原来,所谓《挺经》,是"刚"的艺术、"刚"的智慧、"刚"的哲学。

"刚"这个字倒也不是曾国藩首先在家训中提出来的。曾国藩在家书里说:"吾家祖父教人,亦以'懦弱无刚'四字为大耻。"曾国藩毕生受他祖父的影响很大。他在家书和文集里都反复提到,曾家勤勉努力、踏实进取的家风家训,都是从祖父时代开创的。

既然曾氏家训中的"刚"是曾国藩的祖父曾玉屏老人先提出来的,在解释曾国藩之"刚"前,有必要先管窥一下曾玉屏的生活实践。

曾玉屏,又名星冈。"星冈"是他步入中年之后为自己改的名字。"冈"就是山的脊梁,"星冈"就是星夜下的山脊与山冈——这名字里可透着股说不出的狠劲儿。

但曾玉屏为什么要改名为"星冈"呢?

原来,曾玉屏年轻时就继承父业,颇为游手好闲。他曾经自述说,有一次在湘潭的集市上被一个长者议论批评,说他轻浮无学，将来一定是个败家子，他听到之后突然有了反省之心，从此"立而自责""终身未明而起"，勤劳耕作，才为后来曾家的发达奠定了基础。

其实，除了这次在集市上被长者批评，曾玉屏之所以会痛改前非，还因为受过一次更大的刺激。

据说曾玉屏因为年轻气盛，跟当地一个乡绅惹上了田产官司。乡绅想讹曾家上好的水田，曾玉屏针锋相对，后来官司一直打到了县衙。曾玉屏为了打赢官司，还请了个秀才帮他写状子。哪知道秀才被乡绅给收买了，欺负曾玉屏大字不识几个，在状子上就已经把曾玉屏说得理亏了。曾玉屏吃了没文化的亏，最后官司自然输了。曾玉屏为此气得吐血，但经此一败，却立志奋发图强，不仅开垦了很多荒地，还立志培养子孙做读书人，一雪曾家没文化之耻。所以，"星冈"这个名字里就蕴含着他不服输的那股子倔劲儿。

后来，曾玉屏倾力培养儿子曾麟书读书，甚至给儿子取的名字里都带着"书"字，可惜曾麟书读不好书，再后来只得转而把希望寄托在孙子身上。这个名叫曾国藩的孙子终于不负重望，读书读到"立德、立功、立言"三不朽，为曾家雪耻洗辱，建立了不朽的声名。

后来曾国藩考中了进士，又点了翰林，当捷报传来，

整个湘乡都轰动了。当曾家上上下下都欢天喜地庆贺之时，曾玉屏却对曾国藩的父亲曾麟书说："宽一虽点翰林，我家仍靠作田为业，不可靠他吃饭。"甚至当家里有了钱，有人提出要扩建些房屋才符合翰林之家的门面时，也被这位星冈老人一顿臭骂，告诫家人绝不能因为曾国藩做了官而改变曾家发奋勤勉的本色。

不仅遇挫折时倔强，发达后还这么倔强，这才叫倔强到了骨子里！

我们再来看曾国藩之"刚"。

曾家祖父之"刚"，更多的是一种性格；而"刚"字在曾国藩这里，又有了进一步的生发。

首先，这个"刚"不是性格上的刚硬与刚烈，而是一种临事之刚，也就是吴永所总结的"入局"之"刚"。

一般谈到"刚"，都是指性格上很刚强、很刚烈，动不动就像《感天动地窦娥冤》里的窦娥一样。事实上，曾国藩自己也有这个缺点，他原来的性格就有类似此"刚烈"的一面。但挺身入局，就不是简单的性格之刚烈了，而是一种临事的大勇气、大担当。这种大勇也是一种大智慧。这种大智慧就是碰到事情，知道难，甚至已经预见一个悲剧的结果，但是必须担当，必须面对，必须不逃避。这叫什么？这就叫挺身入局！这可以说是人生的第一个关键，也是人生的第一条智慧。

其次，这个"刚"不是刚愎自用的"自用之刚"，而是强毅自胜的"自胜之刚"。

曾国藩语："然强毅与刚愎有别。古语云自胜之谓强……以客气胜人，是刚愎而已矣。"曾国藩这里所说的"强毅"其实就是"刚毅"。所谓刚强者，刚即是强，所以曾国藩常用"强"字来指代《挺经》中要说的"刚"。他之所以要用"强毅"来代替"刚毅"，是因为怕子弟在学习刚毅时走向刚愎的误区，所以特别强调强毅与刚愎的不同。

"刚愎"的"愎"在汉语里是任性与固执的意思。因为任性、固执，所以易自用，也就是自以为是。当我们碰到事情的时候，最易产生的首先是直觉，是本能反应，然后凭直觉、习惯与本能反应对事情做出想当然的判断，再根据这样的直觉判断去行动，并固执地认为事情就是这样，如此做法皆属应当。这样的行动态势，就叫"刚愎自用"。

曾国藩认为这种刚愎自用正是做事情的最危险之处。因为它放纵了本能，也就放纵了自我认知中的缺陷。当一个人用本能中的缺陷来面对纷繁复杂的世事与事务时，还没有做，就已经失败一大半了。所以他认为，只有克服自我的本能和缺陷，克服临事时的直觉判断，才能获得判断力、行动力与执行力上的智慧。而这种克服自我、超越自我的过程就体现出一种真正的"刚"，一种自胜的刚、强毅的刚。

最后，这种"刚"不是一种克人之刚，而是一种克难、克惰之刚。

回到李鸿章那个解读《挺经》"开宗明义第一条"的故事里，李鸿章称赞那老农说："他只挺了一挺，一场争竞就此消解。"请注意，他并没有说老农挺了一挺就使货郎折服了，而是说老翁挺了一挺就消解了一场争竞。

若老农最后使货郎折服，其结果不过是胜人。这也是我们在生活中经常追求的一种结果，即胜过或超过其他竞争对手，从而获得胜利。这在曾国藩看来叫"在胜人处求强"，并不是其《挺经》中"明强"的原意。虽然最后的结果看上去是老农使货郎折服，但这只是结果的一种表象，并不是曾国藩《挺经》中"求刚"的出发点，更不是其《挺经》哲学的落脚点。

既然说"挺了一挺，一场争竞就此消解"，说明出发点与落脚点都不在人，而在事。争竞即纷争，所谓的"挺身入局"之刚，不是面对对手，而是面对事情、矛盾的处事技巧与智慧。能够克服盯住对手的竞争心理，而着眼于就事情本身寻找解决问题的思路，这已经上升到现代社会学所标举的行动力与执行力的智慧了。

曾国藩在家书中云："吾辈在自修处求强则可，在胜人处求强则不可。福益外家若专在胜人处求强，其能强到底与否尚未可知。即使终身强横安稳，亦君子所不屑道也。"此话妙极！胜人之强终不可长久，即便长久亦脸上无光。

"五到之法"

具体谈到行动与执行，《曾国藩家训》里有个重要说法，叫"五到之法"。

"办事之法，以五到为要。五到者，身到、心到、眼到、手到、口到也。"后来他又说过"五勤之法"，都是一个意思。

这"五到"很有意思。此处调整一下顺序，先讲"眼到"和"心到"。

范文澜先生在《中国通史》中说，中国近代史上睁开眼睛看世界的第一人是林则徐。鸦片战争前，知识分子都夜郎自大，只有林则徐放下身段，组织人手翻译了西方刊物和英国人出版的《世界地理大全》。后来他被流放时，将中文版的《世界地理大全》取名为《四洲志》，送给了魏源。魏源就是在这本书的基础上，写出了著名的《海国图志》，提出了"师夷长技以制夷"的观点。

但是，林则徐只是睁开了身之眼，而没有睁开心之眼。

为什么呢？

因为即使翻译了这些文字，林则徐依然不相信西方的先进事物。

鸦片战争开打前，他依旧认为西方士兵的膝盖不能弯曲，秽物能克洋枪火炮，甚至在外交公文里还要挟英国商务监督义律："你要是不支持我收缴鸦片，我就命令海关禁止向你们出口茶叶。"原本这只是一个外贸威胁，可问题是后面还跟着半句——"让你们英国人都憋死"！何出此言呢？竟是因为那时候中国人认为，英国人和法国人只吃牛羊肉或牛羊肉磨成的粉，没有蔬菜吃，不喝中国的茶叶就会便秘而死。

真到鸦片战争开打时，他倒也花重金向美国人买了一艘千吨的军舰，比英国人的主力战舰还大，还向德国人买了一堆大炮放在上面。如此看来也算豪华战舰，可以放手一搏了。但天晓得他买来这个战舰不是要出海打仗，而是横在珠江口固定，作为障碍物阻挡英舰进入珠江。结果，英国人不费吹灰之力就把舰炮抢走了。

"眼睛"的"眼"，是"目"加上"艮"。艮是八卦之一，属山，对应的方位是东北，对应的时间是丑末寅初，就是现在的凌晨三四点钟。子丑寅卯，丑时到寅时是黎明前最伸手不见五指的时间，这时，怎么睁开眼看呢？又能看见什么呢？

一个"眼"字就可以看出汉字的辩证法智慧。在最黑暗的时间与空间里，真正要睁开的，不是生理的眼睛，而是心之眼。不仅要在物理上睁开眼，更要在精神上睁开眼。只有睁开心眼，才能真正看见光明。所以曾国藩讲，不止眼到，还要心到。

从实际意义上讲，晚清官场第一个睁开心眼看世界的人是曾国藩。他和林则徐一样，不了解西方，对自然科学一窍不通，但这并不妨碍他不拘一格招募西学人才，比如李善兰。

李善兰是中国近代史上最伟大的数学家之一，他在使用微积分方法处理数学问题方面取得了创造性成就，还开创了驰名中外的"李善兰恒等式"。

《几何原本》一直是学习数学几何部分的主要教材，前六卷是明朝徐光启和利玛窦合作翻译的，李善兰与英国人伟烈亚力合译了剩下的九卷。译完之后送去刻板印刷成书。不想太平军一来，辛苦一生的译著被一把火烧得精光，只剩下底版。在走投无路之际，李善兰就来投奔曾国藩。

那时李善兰还未成名，但曾国藩已知道此人，就亲自

接见了他。见面问他："李先生你擅长什么？"李善兰自有倨傲，说："我擅长数学。大帅，数学你懂吗？"

曾国藩一愣，答曰"略知一二"。这也就是个客套话，但李善兰不管，略知一二就好办，他对曾国藩说："大帅请看，这是一部划时代的巨著。我没有钱，但是这本书很重要。"

曾国藩拿来看了半天，一句话都没有说。为什么？看不懂。只好问："先生有何要求？"答曰："这本书在战乱中被烧了。我没钱了，没有办法出书，但这本书太重要了，你帮我出。"

曾国藩一听，当即拍板，自掏官俸六百两白银，还附送优惠：不仅印平刻本，还印精刻本；不仅帮他印，还帮他写序。

为什么要帮李善兰写序呢？因为曾国藩是天下文坛盟主，他帮谁写序，谁就能出名。但曾国藩说完就后悔了，因为连书都看不懂，如何写序？回去一想，把儿子叫来："你不是不考科举了吗？你不是改学西学吗？来，拜李先生为师，好好学，学一个月，给我写一篇序出来，以我的名义发表一下。"

曾国藩幕府号称"神州第一幕府"，时人李鼎芳评价说："凡有一技一艺之能者，无不争于其门。"晚清四大思想家之一的薛福成曾总结过，认为曾国藩的幕府中共有八大类人才，从经济到政治，再到军事，样样不缺。而且有一类人才只有曾幕里才有，这一类人才叫"覃思之士、智巧之匠"，用现在的话说，就是那个时代最杰出的科学家、教育家和社会学家。

这些人绝非靠钱就能吸引，李善兰这样的大数学家之所以会投到曾幕，一定是源于信仰的感召。也正因为和这些人志趣相投，在这些人的支持下，曾国藩才发起了洋务运动。

有人又会问：这些人了解西方文化，而曾国藩不了解，他缘何做到如此呢？只是一个简单的"挺身入局"吗？不。这时候回头看，曾国藩的知识积累和思维方式就太重要了，包括他广阔的胸襟和对大局的判断，这才是"挺身入局"的关键。

从大处着眼是心到，小处还需有手到、身到和口到。

"手到"，就是要动手去做。所谓"手到"，简单如曾国藩在家书中所言："易弃之物，随手收拾；易忘之事，随笔记载。"看上去只是很小的生活习惯，背后折射出来的意义却是非凡的，因为这种"手到"与"手勤"意味着对动手习惯的提倡与培养，而动手习惯则意味着创造意识的形成与确立。这种观念，在中国传统的文化环境下，尤其是在那个封闭、愚昧、落后、缺少科学精神与创造意识的时代里（这种精神与意识其实到现在还一直缺乏），实在是弥足珍贵的。

"身到"，就是要全身心投入。曾国藩在家书中如此解释"身到"："险远之路，身往验之；艰苦之境，身亲尝之。"验"险远之路"叫行，品"艰苦之境"叫知；有"行"有"知"，方为"知行合一"。曾国藩所言"挺身入局"也有这层含义，即临事、做事首先要能入乎其内，不要只做局外人。

"口到"值得特别一提。

曾国藩脾气犟，年轻的时候喜欢跟人吵架，后来被父亲指出这是恶习，他就给自己列了三条戒律——"戒多言、戒忿怒、戒忮求"，简称"曾三戒"。

其中的"戒多言"，意思是少说话。

既然如此，为什么又要"口到"呢？

前面我们提到，曾国藩在日记里反复提醒自己要"戒多言"，主要是由于一件小事。

曾国藩才考上进士进入翰林院不久，他的父亲也跟着到了北京。一天，曾国藩给父亲过生日，好友郑小珊前来祝寿。两人关系很好，说话向来口无遮拦，非常随意。结果那天曾国藩估计多喝了几杯，得意忘形，不知说了什么，搞得郑小珊当场拂袖而去。

郦波品曾国藩教子

事后，曾国藩被父亲狠狠数落了一番，后悔万分。他在日记里反思了自己在此事中的过错。从此以后，曾国藩不论是自我教育还是教育子弟，都以"多言"为戒。

但是，曾国藩"戒多言"的本质并不是要一味地少说话甚至不说话，也并不是"沉默是金"，而是在面临人和事时，要做到自我控制，避免祸从口出，从本质上讲是一种临事不纠缠、少争论的行动智慧。

一个团队在发展过程中，一定要有文化思想上的教育与培训。团队发展到一定阶段，就要靠团队文化来突破瓶颈，而这要靠领导者对团队成员的培训与教育来实现。这就是挺身入局的大智慧——不是一个人挺身入局，而是带领一个团队、一个组织挺身入局。

不要妄自菲薄

回过头来我们再看前面那个老农，看上去只是简单地解决了小问题，李鸿章为何说他体现了《挺经》精神呢？

因为他既体现了目的，又体现了坚持。有才华，就要敢表现；有想法，就要敢坚持。

曾国藩曾对儿子曾纪泽说："有才干，定要表现之。"又说："天下事无所为而成者极少，有所贪有所利而成者居其半，有所激有所逼而成者居其半。"

为什么曾国藩会说这番话呢？

曾国藩的大儿子曾纪泽文章写得很好，在父亲的教育下严格自律，在老家不结交官府，不争名利。有一次，家乡要编地方志，这在古代是很重要的事。中国重视史学传统，地方志是重要的史学材料，所以要选最有声望、最有才华的人编，一般而言年轻人根本没资格。另外，谁能参编地方志，谁就能出大名。大概是拍曾国藩马屁，加上曾纪泽才学好，当地的长老、官员就推荐了曾纪泽，而曾纪泽认为这是依靠裙带关系，居然谢绝了。

曾国藩在外打仗，知道这事后，给孩子写了封家书，说了刚才那番话。大意是：人生中有健康的贪欲没关系，合众人之私以成一己之功，你爹我办事就是这样。普通人若没了私欲，也难做成事。有时候，就因为有所欲求或为时事所迫，反而铸就了事情的成功。你不要在乎是不是借老爹名头，这事对你是锻炼、是挑战，老爹我认为你才学已够，而且做这事能进步，为什么不表现一下呢？为什么不借压力来提升自己呢？这叫"有才干，定要表现之"。

这也是"挺"——不要妄自菲薄，要主动。

不可假仁慈而误大事

曾国藩不是一个假正经的人，而是认为该出手时就出手，他对曾纪泽的教诲就充分地体现出这一点。同时，曾国藩还说过一句引起过很多非议，但很能体现《挺经》精神的话，叫"不可假仁慈而误大事"。

通俗地说，就是男人该狠时就要狠。

这就牵扯曾国藩一个为人诟病之处。因为一生中杀了很多人，曾国藩有个外号叫"曾剃头"。由于政治立场的原因，我们站在农民起义这边，认为曾国藩是剿灭太平天国的主要人物，是刽子手、汉奸、卖国贼——"汉奸"是说他不反清；"卖国贼"是说他在"天津教案"里没向法国人开战；"刽子手"就是说他杀了很多人。

杀人，曾国藩自己也内疚。一个知识分子，带兵打仗，开始杀人，杀得自己也心慌，也忏悔。但曾国藩的好朋友胡林翼在他杀人杀到忏悔时给他写了一封信，内容就只有一副对联："用霹雳手段，显菩萨心肠。"杀人是霹雳手段，但你要救世，怎能不杀人！

李自成打到山东，对孔庙还很敬畏，不敢动孔庙半分；张献忠打到西安，也不敢碰文昌阁。而太平军一路过来，孔庙、文昌阁，包括民间的关帝庙、岳飞庙、土地庙，管你土地奶奶、土地爷爷，一概捣毁。所以郭嵩焘对曾国藩说：你这是在拯救儒家文化；所以胡林翼说：用霹雳手段，显菩萨心肠。

后来曾国藩表示，挺身入局后，只要把握好大原则，手段上该狠就得狠。他也做过自我说服工作，说大儒都杀人。朱熹当年去平叛，杀了好多人；王阳明更不用说，去广西平叛杀的人更多。他们为什么杀人？杀人本身让人纠结，但"时也，势也"，时势如此，不得已而为之。曾国藩的挺身入局把执行看得很重，到最后其实有点不择手段。在那个时代，这些人的行动力与执行力中透着许多无奈，但同时也凝聚着许多坚韧与执着。

成大事者需有大气象

一个人要成大事，就要有强大的气场。气场源于担当。也就是"挺"字很重要的一点——讲究担当。

曾国藩说："于毁誉祸福置之度外，此是根本第一层功夫。此处有定力，到处皆坦途矣。"大意是，成大事者需有大气象，要有担当，要不怕非议，哪怕面对的是几百年的栽赃，甚至更长时间的抹黑。

比如于谦，比如袁崇焕。

两个人都是大明名臣，都被当作叛臣处以死刑。死时老百姓都不知真相，争而唾之。袁崇焕更惨，被凌迟处死，老百姓争而食之，吃他的肉，饮他的血！但历史终究会还人清白，公道自在人间。

曾国藩主张走自己的路，让别人去说，因为"大抵任事之人，断不能有誉而无毁，有恩而无怨"，故而"自修者但求大闲不逾，不可因讥议而馁沉毅之气"。意思是，做大事的人，不能只想要好名声，怕担坏名声；要想修炼自己，就不要因为别人的讥讽嘲笑而丧失坚毅果敢。曾国藩就是这么做的，希望今人也能如是。

曾国藩在家训里说："神明则如日之升，身体则如鼎之镇，此二语可守者也。"意思是，人生既要挺身而出又要能坚守，守的是两点：一是神明；二是身体。

神明就是精神，这是强调，所有志士仁人，能于非常之境，成就非常之事，关键靠精神强大。精神强，则有规模、有气象，也就有了今天人们所说的气场，就像孟子"虽千万人吾往矣"，屈原"虽九死其犹未悔"，以及郭靖独守襄阳城（郭靖这事确有典故，原型是唐代张巡守睢阳），唐三藏西天取经（也有原型，是玄奘法师）。这些人的辉煌成就，很大程度上都源于其精神力量，源于担当，源于气象。

身体也很重要。"身体则如鼎之镇",意思是说,要成非常之事,不光精神要强,身体还要健康。孔子能活到七十三岁,在当时的物质条件下实属不易。他周游列国,那可是流浪。古代的车不像宝马、奔驰,没有减震系统,轱辘都是木制的,加上道路泥泞,不要说坐一天,两个时辰身子骨就该颠簸散架了。孔子却越颠越健康,说明孔子体质好。

释迦牟尼不当王子后,就到各处讲学,前后四十九年,比孔子的十四年周游还长。能走这么久,说明佛祖体质也好。爱迪生一生为什么能有两千多个发明?原因之一也是身体好。他做实验,七天七夜不眠不休,没一个年轻助手能熬得过他。

除了强调人生既要挺身而出又要能坚守,强调"五到之法"之外,曾国藩还特别主张,而立之年到来前一定要立大志,否则一生难以勇猛精进。而立就是年至三十,三十岁前一定要有大志向。因为不立大志向就容易畏惧,怕世人非议,怕坎坷,怕陷阱,就做不到挺身入局,更享受不到挺身入局的"虽逆境亦畅天怀"的豪迈,享受不到"我辈办事,成败听之于天,毁誉听之于人,唯在己之规模气象,则我有可以自主者"的气象。

钱锺书境界之所以高,全因规模气象立得早。当年钱锺书偏科，文科极好，数学却极差，考清华时分数不够，主考官难以取舍，就去请示时任校长罗家伦。罗先生细看了试卷，立刻决定特殊人才特殊对待。钱先生也不客气，进了清华就放言："我到清华，是来扫荡图书馆的！"口气之大，令人侧目。但言出必行，此后，他果然一个星期读中文，一个星期读英文，遍读图书馆藏书。如此强大的气场并不只是天赋的赐予。

钱夫人杨绛是其清华校友，据杨先生后来回忆，钱先生作为一个南方人在北京求学四年，甚至连玉泉山、八大处这些近在咫尺的景点都没去过，全泡在图书馆里了。钱锺书修冯友兰先生的哲学课，课前借前几届学生的讲义、笔记一观，中文稿要，英文稿也要，一字不落地全看完。高年级学生听说钱先生有才，就半信半疑地拉他去参加辩论会，结果钱先生舌战群儒，全校折服——这就是气象。

再看梁漱溟。梁先生年轻时自学成才，后来报考北京大学落榜，也没当回事，依旧过他原来的生活。

一日在家无事，有人来找他，一问，此人竟是当时北大的校长蔡元培。蔡先生问："想到北大来吗？"梁答曰："当然想，但是抱歉校长先生，我已经落榜了。"蔡先生一笑："不能到北大当学生，可以来当老师嘛。"然后梁漱溟就直接到北大当老师了。

　　原来，梁漱溟喜欢佛学，年轻时写过一篇《究元决疑论》，刚巧被蔡元培看到，青眼相加。梁漱溟的成功，既有蔡元培先生的激励，也靠自身规模气象，归根结底，后者占了大半。《究元决疑论》还不算梁先生最具代表性的作品。在北大任教一年后，梁先生写出了《印度哲学概论》，第二年又写了《东西文化及其哲学》，本本经典，字字珠玑。

　　因此，对年轻人而言就是要学会早立规模，早立气象，而且应该从现在起，只争朝夕。

第九章

情趣与志趣

生趣不可无

从"学"，到"明"，到"挺"；从知，到判断，到行动与执行；诸力整合，诸法相融，夫为知行合一。

曾国藩是清朝中兴名臣之首，也是近代史上最后一位大儒。

中国人对大儒往往有偏见，认为"大儒"等于"苦行僧"。

其实，越是大儒，越讲生活情趣，越讲生命志趣。

而"趣"字，也是曾国藩十分看重的教子第九法。

李鸿章曾反复说"我老师最是有趣"，还常给淮军讲曾国藩当年的趣事。

比如，李鸿章曾在回忆录里记载，曾国藩规定，每天在军营里大家要一起吃饭，饭后有一段聊天时间，其间每人要说个有趣的段子。

曾国藩作为湘军首领，总是第一个说，还说得最有趣。清代野史笔记里常见有关曾国藩讲段子的记载，其中就有一个关于砸织布机的段子。不光是李鸿章回忆了这件事，清代的野史笔记《水窗春呓》中也有记载。

有一天晚饭后，曾国藩说了一个段子。

曾纪泽新婚不久，就带着媳妇一起来安庆找他爹。

因为曾家讲究克勤克俭，所以女眷一直都要自己织布。曾纪泽的老婆虽然出自名门，但也不养尊处优，不仅孝敬公婆，遵守礼节，而且勤勉本分，每天都纺织到深夜。但是这样一来，有个人就不肯干了。

谁呢？新郎官曾纪泽。他是新郎官啊，初尝人世间美好的爱情，恨不得跟新娘子天天如胶似漆地泡在一块儿。可哪知道，新娘子到了深夜还在勤劳地织布，织布机的声音吱吱嘎嘎，弄得曾纪泽自己想睡觉也不成。曾纪泽终于忍无可忍，躺在床上大喊："妈，你那个不懂事的儿媳妇，吱吱嘎嘎纺个不停，闹得我根本睡不着！您去把您儿媳那个纺车给砸了吧！"

曾国藩听见后，立刻从床上支起身子，对着外面大喊："老婆，如果要砸，就把你那部纺车先砸了吧！我也睡不着呢！"

据说，曾国藩这个笑话说出来之后，所有的幕僚都笑了，现场唯有一人不笑，就是曾国藩自己。这就是讲笑话的最高境界：我讲，你笑，我不笑。

从曾国藩自述的父子婆媳生活片段中，我们就可以看出，曾国藩还真不是个只知道板着面孔的封建大家长。

从兴趣到情趣

《曾国藩家训》里有一副名联，叫"养活一团春意思，撑起两根穷骨头"。"养活一团春意思"，是立身，是说人的心中要有一种"春"的生机，要有一种向上的、积极的、愉悦的快感；"撑起两根穷骨头"，是立品，是说人生要有品格。

人生能立身，又能立品，就可以立本。所以这副对联是为人生立本而写。

"养活一团春意思"，通句透着一个"趣"字。

从个体角度来讲，它既是在生活层面，也是在生命层面。

从生活层面上说，人要有情趣。因为光有兴趣，难以持久。

多数人都有本能的惰性，都会喜新厌旧——不光是对事，对人也如此。这就导致对新事物的兴趣持续一段时日后会逐渐淡漠消失。做父母的都知道，孩子上兴趣班，音乐、美术、书法、下棋，最开始多少总有些兴趣，但日子长了，就渐渐地不愿去学了。可一味地遵循兴趣，不停地更换学习对象，又只会导致缺乏恒心，一事无成。

学过音乐的人，往往有种感受：总有一个阶段非常痛苦，根本不想学下去，恨不得把乐器给砸了。这时，因为兴趣已失，又没成就感，前途不明，又缺乏信心，很多人选择了放弃。殊不知，这恰恰是最关键的时期，是获得升华的时期，熬过去后就会进入全新的境界。

如何解决呢？

兴趣之外，要有情趣。

在某种程度上，情趣也算本能，但这是培养出来的"本能"。

曾国藩说，"乐约有三端"："勤劳而后憩息，一乐也；至淡以消忮心，二乐也；读书声出金石，三乐也。"

第一乐，"勤劳而后憩息"。意思是，劳作后的片刻闲暇十分珍贵。我们都有这样的体会：辛苦一天后，用最爱的杯子泡一杯最喜的茶，氤氲香气，惹人陶醉——假手他人的茶，断不会如此醉人。曾国藩要求子弟晨起沏茶喝水不假他人之手，就是要让其体会自己动手的快乐，享受劳动时的心境。若能细加体会，劳动的过程是生活中最美的风景。

第二乐，"至淡以消忮心"。"忮"是嫉妒，"忮心"就是嫉妒心。生活中要保持平常心，要控制自己的私欲。我们总爱和别人比，但曾国藩教育孩子时，总强调别与人家比。他在给曾纪泽的家书里说："你看老爹我，从小就笨，能跟别人比吗？你左叔叔左宗棠，号称天下第一聪明人，还有你胡林翼胡叔叔，老爹我都比不上。所以我从来不跟别人比，我只跟自己比。一步一个脚印，埋头向前，最后走到人生尽头的时候，突然抬起头来，已然'会当凌绝顶，一览众山小'。"进而，曾国藩强调分享。快乐一旦被分享，就增加了一倍；痛苦一旦被分担，也就削减了一半。

第三乐，"读书声出金石"。意思是，书要读出声来。读书到了至境，往往自我陶醉，妙不可言。若不信，请找熹光清晨，高声朗读梁启超的《少年中国说》，且看是否有金石之气自肝胆而生；或找雨霁黄昏，望着湿漉漉的地面，小声轻诵李清照的《声声慢·寻寻觅觅》，且看是否有无名愁绪飘动涟漪。

遗憾的是，今天太多人不好意思这么做。其实古人特别讲究吟诵，讲究调动自己的情绪，全身心地投入进去。

曾国藩经常一个人在那里陶醉地朗读，像表演艺术家一样。读书，读书，关键要读。一旦读进去了，就仿佛穿越时空，与古人的灵魂交融对话，读书也才真正成为人生的莫大快乐。

以上三种，既是培养新情趣，也是对与生俱来的情趣的呼唤。

这些情趣每个人都有过，只是有的已被淡忘。

什么时候有过呢？

童年。

童趣充满乐趣。与生俱来的，在孩童时期，人总是充满乐趣，而且不做作。所以我不主张孩子早熟，不主张孩子过早地学习进入成人世界。孩子童年时期的本真，是上天给予的恩赐。若能始终保持童趣，生活断不会没有情趣；由是，情趣也就能超越兴趣，让生活更加美好。

曾国藩为什么有趣呢？

因为童年时，他就很有趣。

曾国藩十二岁那年，曾老爹在邻村开了间私塾谋生，曾国藩每日都去读书。两地相隔大概六里，他一般不跟老爹走，而和几个小伙伴同去。沿路会经过一个土地庙，庙里有尊神王像。有一次，曾国藩和小伙伴们在庙里玩时，不小心把神王像给撞倒了。原本没当回事，可回家就被告了状。那时人们都迷信，曾国藩此举被视为对神王的大不敬。不难想见，曾国藩被劈头盖脸地臭骂一顿，幼小的心灵受到了巨大伤害。

然而，很有意思的是，曾国藩被小伙伴告了黑状，被老爹骂，心里自然委屈，但他既不恨爹，也不恨小朋友。恨谁呢？恨那个神王——你一个神仙跟我小屁孩较什么劲？我又不是故意的！而且他爹为了弥补过失，不仅到庙里亲自把神王扶正，还掏钱给这个泥巴像重塑金身。曾家本就拮据，买套新衣服都难，现在一看神王说换新衣就换新衣，曾国藩心里越发恼火。

第二天，曾国藩拎着一根木棍，独自跑到神王庙。在曾国藩看来，这木棍不是木棍，而是"坐骑"。那时小朋友常玩一种叫"骑竹马"的游戏，把一根小木棍摆在裆下，骑着"马"就来了。李白的《长干行》也写道："郎骑竹马来，绕床弄青梅。同居长干里，两小无嫌猜。""两小无猜"的典故就出自此处。

曾国藩带着他的"坐骑"，也就是那根小木棍，一路跑到神王庙里。毕竟是小孩，进去之后面对土地公公心里还是有所畏惧。他壮着胆子走上前，把小木棍搭在神王的肩膀上，小心翼翼地把木棍上的"缰绳"放到神王手里，放完赶快往后跳一步，然后镇定心神，突然抬起手来指着神

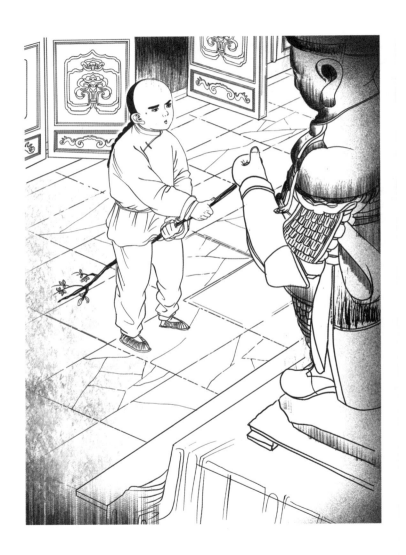

王说：

"搭帮你，我要去山冲里读书了，罚你给我看马，马丢了我要你好看！"

越说越激动，后来说得更狠："要是丢了，罚你给我看一个月的马！"

请注意，后来那话虽说得狠，前面的开篇却很有意思。"搭帮你"是湖南土话，如果翻译成现代英语比较容易理解，就是"Excuse me"——对不起，麻烦你一下。说明这个小朋友虽然怨气满腹要惩罚神王，但心里还是怕，而且怕得甚是可爱。

其实生活中每个孩子都是天使，成长的悲哀就在于从天使滑向了世故。

培养生活的情趣

曾国藩在"八本堂"里说："事亲以得欢心为本。"和亲人一起生活，要以让大家都快乐为根本。怎样才让家庭欢乐呢？每个人都应该培养生活的情趣。

曾国藩晚年曾后悔道："有用之岁月，半消磨于妻子。"这里的"妻子"，是妻子和孩子的合称。意思是说，自己给了家庭太多时间，经常与老婆孩子谈笑闲聊，晚年回头反思，如果当初把这些时光用来读书，会更有成就吧！说是后悔，但从这句话里，还是能读出曾国藩的家庭情趣。

林语堂就很喜欢曾国藩，因为林语堂自己也是如此。

林语堂号称中国近现代史上的幽默大师。"幽默"这个词就是他从英文"humorous"翻译过来的，很是经典。

在家庭生活中，林语堂也很讲情趣。他的二女儿叫林太乙，后来是耶鲁大学的教授，写过一本《林家次女》。她说写这本书是为了回忆自己那珍贵的、充满乐趣的、好玩又好笑的童年，和那一时期父亲给她的幽默教育。

林太乙回忆说，林语堂每次下班回家，都跟女儿一起管老婆叫"妈妈"。吃饭时，喜欢做各式怪样，有时候吃片肉要在嘴上嘟半天，喝稀饭也要哧溜哧溜响。每逢吃饭，林语堂都要讲笑话，虽然从医学角度讲对健康不好，但其乐融融，难以割舍。反观现代人，忙于工作，难得团聚，要是再不说话，光玩手机，就徒剩乏味和沮丧了！

培养生活情趣，不仅是在家里对家人如此，带团队亦应如此。

曾国藩很喜欢带着他的学生——多是部队将领——进行诗文创作。堂堂湘学名宿、文坛领袖，却爱写一些寻常文人都不屑的打油诗。他给友人写信，落款都是"涤生，一粲"，有时候就直接写"国藩，一笑"，意思是"我曾国藩写这封信，博你一笑"。从古到今，如此落款，别无分店。

又如，曾国藩在一次封赐加官后，幕僚们纷纷前来祝贺。弟子赵烈文这天也非常高兴，笑呵呵地问曾国藩："此后当称中堂，抑称侯爷？"曾国藩听了竟哈哈大笑起来，说："君勿称猴子可矣。"气场颇为欢快，从中也可见出曾国藩的情趣与幽默。

有情则有韵，有趣则有味

为什么生活需要情趣？生活中最大的悲剧又是什么呢？

是麻木。日复一日，年复一年，我们都在重复着这样或那样的事情。

为什么爱情让人激动，婚姻却是其坟墓？因为进入婚姻，就会陷入重复，变得麻木。麻木久了，就会麻木不仁——人麻木了，就不是人了——人性中的鲜活就会渐渐消失。

如何克服麻木呢？

在曾国藩看来，就是主动培养情趣。有情则有韵，有趣则有味。"养活一团春意思"，不只是生活，还在生命。

曾国藩说："人以气为主。"又说："有气则有势，有识则有度，有情则有韵，有趣则有味。"

有气、有识、有情、有趣，是人生很重要的几个层面。一是要有气势，这是讲人生志向；二是要有识度，这是讲个人才能；三是要有情韵，这是讲要有感情；四是要有趣味，这是从生活层面提升到生命层面。

我做讲座时，常常会提到两个朋友，一个是汪涵，另一个是孟非。两人都在电视台工作，都经历了从"抬桌子"到"台柱子"的过程，都很喜欢读书，都不仅有"情趣"，而且有"志趣"。

汪涵写了一本书——《有味》。相与聊天的内容，大抵是什么样的季节用什么样的扇子，什么样的时辰喝什么样的茶，喝什么样的茶要用什么样的杯子，都是生活中情趣的培养。孟非写了本自传叫《随遇而安》，书名就常让我想起曾国藩的那句"养得胸中一种恬静"。

我们常说"精气神"。道家就很看重精气神。庄子说："独与天地精神往来。"这就抵达了生命的层面。

关于生命层面，其实包括两点：一是生理层面；二是价值层面。

在生理层面，曾国藩说"养生以少恼怒为本"。

曾国藩的九弟最喜生气，曾国藩自己年轻时脾气也不好。他后来就给弟弟写信反思道："我早年身体不太好，想来想去，还是因为那时候年轻，脾气大，喜欢生气。"

用曾国藩的话讲，一个人一旦常生气，叫"好生气者无生气"。这里的两个"生气"意思不一样：前者是动词，后者是名词；前者指不开心，后者指生机。整句话是说，好发脾气的人没有生机和活力。

曾国藩又说，"能谐趣者有谐趣"，同样也是谐音异义，再次表达了快乐乃人生之本的意思。从生理层面讲，就是"笑一笑，十年少"。

就价值层面，曾国藩说："将此心放得宽，养得灵，有活泼泼之胸襟，有坦荡荡之意境，则身体虽有外感，必不至于内伤。"这就类似此前讲《挺经》时所引的那句名言："战战兢兢，即生时不忘地狱；坦坦荡荡，虽逆境亦畅天怀。"逆境里尚且要保持坦荡的快乐，更遑论日常生活中了。

所以曾国藩讲，心要"放得宽，养得灵"，这一"宽"、一"灵"，着实精辟。生命是三维的，生命的价值不在于活多久，而在于心灵的宽度和灵魂的深度。灵魂的深度指思想，心灵的宽度指包容——对自己的包容，对他人的包容，对生活中顺与不顺的包容。心有多大，世界就有多大，这种宽度，这种深度，才是志趣所在。

还有一个鲜活的例子。

诺贝尔物理学奖获得者、现代固体物理学奠基人之一布拉格自幼家贫，在外求学时经常衣衫褴褛，脚上则拖着一双与他的脚很不相称的破旧大皮鞋。

　　面对小伙伴们的嘲笑，小布拉格从不感到沮丧，反以此鞋为荣。原来，这是他父亲穿过的鞋子。因为家里穷，不能给儿子买新鞋，当父亲的就把自己穿过的一双稍小的皮鞋寄给了小布拉格。父亲很聪明，给儿子寄鞋时还附了封信，信里说："我之所以把这双鞋寄给你，还有另外一个原因。我抱着一个伟大的希望：如果有一天，小布拉格有了伟大的成就，我将引以为荣，因为我的儿子是穿着我的破皮鞋努力奋斗，走出比他爹更辉煌的人生道路的。"此时，情趣就上升为志趣，上升到生命价值层面。

　　这实在是一个睿智而伟大的父亲。成年后的布拉格回忆说，他那时从未觉得艰苦，反而为此充满了奋斗的快乐。那双大皮鞋，一直像有一股神奇的无形力量，推着他在充满荆棘的路上奋勇前行。

　　一般来说，小朋友被同龄人嘲笑和侮辱后，会向两个方向发展。多数人走向封闭和抑郁，也有人像布拉格这样，"小宇宙"特别强大，会以此为契机，触发人生更高远的志趣和追求。因此，做父母的要懂得设计和引导，为人生契机的出现创造条件。布拉格的父亲就非常聪明，把生活危机化解为成长机遇，帮助孩子培养起人生志趣。

一般而言，男人有志趣者多，有情趣者少，女人则反之。其实，情趣与志趣不可分离，男女都要兼而有之。男人有情趣方不俗，女人有志趣才高雅。

忧乐皆是终身之事

除了志趣，我们再来看看曾国藩所说的"终身有忧处，终身有乐处"。

这句话可与范仲淹的"先天下之忧而忧，后天下之乐而乐"共同体味。范仲淹说给世人听；曾国藩是说给自己听。

范仲淹的那个乐，是物质层面的乐，等天下人都乐了，我再乐；曾国藩的这个乐，是精神层面的乐，忧处即是乐处，越忧越乐，此乃人生辩证法。

如何帮助孩子体验人生的乐与忧，是今天的家长需要格外注意的。

古人有诗云："生年不满百，常怀千岁忧。昼短苦夜长，何不秉烛游？"有人只看后半句，认为要及时行乐——这是生活之乐。而大儒常看前半句，认为要"杞人忧天"，要幽深思考——这是精神之乐。虽说是"忧"，但忧者并不苦，精神世界很快乐。这就是志趣之乐与一般生活之乐的不同。前者更悠长，但也必然伴随着痛苦。

　　在大儒和先贤看来，如果不快乐，是因为层次不够、修炼有歉；而抵达"终身有忧处，终身有乐处"之境后，忧即是乐，乐即是忧，这才是真正的恒久的快乐。

　　有趣才有生机，有趣才有活力，有趣才有智慧。

　　曾国藩不是苦行僧，我们也不是。但曾国藩真有趣，希望我们，也能有真趣。

第十章

人但有恒，
事无不成

功败垂成

"恒"字一法看似老生常谈，却是一条重要的人生底线，也是曾国藩"教子十法"中的最后一个大智慧。

很多人总结经验时，常挂"恒"于嘴边，但嘴边不等于心边，更不等于心上，知道不等于看透，更不等于做到。曾国藩的"恒"，是既看透，又做到。

为何要守"恒"？

曾国藩常讲"战战兢兢，即生时不忘地狱"，大意是，对生命和生活中将要出现的大危机要有所准备。

大危机，又是什么呢？

曾国藩在给弟弟曾国荃的信里，引用好朋友窦兰泉的话说："大丹将成，众魔环伺，必思所以败之。"炼丹之人，丹药快要炼成时，一定有很多妖魔鬼怪想窃取之，意欲破坏前面的积累。

这其实是一个比喻，意思是，事情越接近成功，就越危险。有一句俗话叫"行百里者半九十"——最后十里路比已经完成的九十里都难走。听上去有点宿命论，但它的确是个警示。生活中常有这样的事发生，你特别想成就某件事，在做的过程中，前面很顺，中间也好，偏偏到最后，眼瞅着要成功，突然出了纰漏，而且还总在意想不到的地方出现。

曾国藩是何时提醒曾国荃的呢？就在曾国荃要打下南京时。

前面讲曾国藩是战略大师时已说过，太平军盘踞南京，清政府军绿营、八旗围困南京多年无尺寸之功，此时谁能攻下南京城，就是天下首功。湘军按照曾国藩的部署，沿长江中下游地区由西向东逐步压缩太平军空间，取得了实质性进展。若按照曾国藩的思路，此时还要求稳，但曾国荃贪恋天下第一功太甚，轻兵冒进，率两万湘军亲自攻到南京城下。之前曾国藩就提醒过他，太急容易出纰漏。果不其然，曾国荃被李秀成围困，差点被全歼。

但曾国荃大难不死，逃出生天，还在南京城下扎了根，任太平军怎么声东击西都撼动不了，谋定主意要抢天下首功。可清廷偏不让曾国荃抢功，派李鸿章另立山头，率淮军支援。李鸿章多精明的一个人，曾国荃是师叔，怎么好意思跟师叔抢功？所以部队到常州后，任朝廷怎么下旨都不走，托词说夏天枪炮打得太热，没法作战，要在常州把枪炮凉一凉。

这一凉就是三个月。

曾国藩知道后很是感激，但还是写了刚才那封信，劝弟弟不要贪这天下首功，尤其是借最后那句"大丹将成，众魔环伺"，告诫他这未必是好事，尤其要小心。

曾国荃不听，还是攻下了南京城。

结果，他非但没被嘉奖，还被包括左宗棠在内的大臣们交章弹劾，弹劾他纵兵洗掠屠城，还放走了洪秀全的儿子洪天贵福。至于太平天国到底有没有传说中被湘军洗劫的金库，曾国荃到底有没有纵兵屠城，这些都是清史上的疑案，众说纷纭，但重点不在此处。

重点是，曾国藩已是功高盖主，慈禧怕湘军造反，疑虑重重。前面说过，曾国藩不是袁世凯，没有帝王梦，他要做圣贤，所以不肯造反，不肯造反就得向朝廷表明心迹。而曾国荃手握重兵，又是矛盾之所在，所以得退让。于是，曾国藩写了副对联："倚天照海花无数，流水高山心自知。"告诉众将自己的心意。为了表明心迹，攻下南京没多久，他就开始裁军，还让曾国荃告病还乡。

曾国荃就是在"大丹将成"时，滑向了另外一个极端。

所以，做人做事皆要守住一个"恒"字，要步步在意，切莫倒在黎明前的最后一抹黑暗中。

莫问收获，但问耕耘

那么，又怎样能够做到"恒"呢？

这还是一个心态问题。

曾国藩，包括中国其他很多大儒，并不认同人必须要历经艰苦磨难。他们认同的是，人必得学会化解苦难，化解压力、矛盾、焦虑和痛苦。

如何化解？调整心态是方法之一。

曾国藩在家训里说："莫问收获，但问耕耘。"又说："步步前行，日日不止，自有到期，不必计算远近而徒长吁短叹也。"意思是，我们去往一个地方，去时总觉得很远，但归途一般会感觉比去时近。同样的路程，为什么去时远而回时近？那是因为去时不知道远近，心里老是记挂，自然觉得路远。回来时，因为不惦记远近，知道自己身在路上，不知不觉中也就回去了。

生活中这种心态很微妙，也很常见。因此，曾国藩说，人要是总惦记着路之远近，就会长吁短叹。千百年来，中国文人的志向很强大，但表现出来时却很压抑。比如，屈原说："路漫漫其修远兮，吾将上下而求索。""其修远兮"，就是没有尽头，感叹没有尽头，就说明记挂尽头，于是压力山大。曾国藩则认为，不要记挂尽头，只要管好下一步。步步前行，日日不止，终归能抵达远方。

西方人多得抑郁症。我个人以为，西方人得抑郁症与文化心态有关，即目的心太重。西方有种很科学的做法叫"目标管理"。这从管理角度讲很科学，但从心态上看并不健康。因为这种管理方法逼人一定要达成某种目标，达成就快乐，反之则痛苦。但达成的快乐不过一瞬，接着又会有新的目标，循环往复，没有终点。所以西方人很看重休假，因为他们的确需要放松。

中国文化，尤其是道家文化，十分讲究过程。不在乎天长地久，只在乎曾经拥有。没有目的观念，心态就不压抑。这个道理与学习一样。中小学生之苦，皆因有高考这个指挥棒。大学生相对要好一些。但儒家认为，学习是人生姿态，是生存方式，而不应该是阶段性的对策。如果将学习视为生活之必需，自然就不会痛苦。如果仅视之为任务，当然会觉得痛苦。

吃饭就是吃饭，睡觉就是睡觉

曾国藩在家训里说，"凡事皆贵专"。又说："凡人作一事，便须全副精神注在此一事，首尾不懈，不可见异思迁，做这样想那样，坐这山望那山。人而无恒，终身一无所成。"

怎样才能"人而有恒"呢？

第一，淡化功利；第二，专注精神。

讲"勤"字法时已用过大珠禅师的典故。得道的捷径在于，吃饭就是吃饭，睡觉就是睡觉，这就是对专注的阐释。

说到吃饭，中国人喜欢在吃饭时谈事，把饭吃成局，于是有了"饭局"之说。再说睡觉。古人睡觉最科学，日出而作，日落而息，各个脏器都得到滋养。道家有种说法，叫"三魂七魄"。何为魂魄？人的精神状态白天叫魂，夜晚叫魄。白天，灵魂主宰，要归于心和脑；到夜晚，魄为主宰，要归于身体的腑脏器官。不按时睡觉，魄就回不去。所以经常熬夜的人叫"失魂落魄"。现代人夜生活太丰富，半夜回家还不睡觉，还要上网、发微博、刷微信、看朋友圈。好不容易在迷糊中入睡了，手机还在旁边，任由其辐射。生活之不健康，一如阅读之不正确。

现代人很难全情投入某件事，知识分子也不愿沉入事物的内部做探讨。所以我时常有一种也许是杞人忧天的担心：长此以往，人类的文明会渐渐消亡。

何以如此？

人和动物在情感上并没有区别。我们有情感，动物也有情感。人之所以为人，不同于动物的地方，就在于拥有独特的思想。人类有语言，语言背后就是思想。科技的发展使我们开始不愿意思考，使人类的思想开始退化，总有一天，我们会退化到动物的层次，那就是人类文明开始消亡之时。

此时此刻，回视曾国藩的"凡事皆贵专"，我们当有所悟。

"恒"是人与自己之间的周旋

前面说的是心态，那么在行动上要如何落实"恒"呢？

养成好的生活习惯和品质，需要契机。

曾国藩说："盖士人读书，第一要有志，第二要有识，第三要有恒。有志，则断不甘为下流。有识，则知学问无尽，不敢以一得自足；如河伯之观海，如井蛙之窥天，皆无见识也。有恒，则断无不成之事。此三者缺一不可。"

他还给两个儿子曾纪泽和曾纪鸿讲过自己读书的例子。

曾国藩的爷爷曾经寄希望于曾国藩的父亲。曾国藩他爹叫曾麟书，名字起得很有文化，结果别说举人，秀才考了十六次都没考上。所以曾国藩为什么说自己笨？遗传基因决定。但是，聪明不等于智慧，不聪明不等于没智慧。曾麟书虽不聪明，但有大智慧；读书不好，做父亲却很称职，为培养曾国藩提供了良好契机。

之前我们提过，考科举失败后，曾国藩开始游山玩水，走到江苏徐州睢宁这个地方时实在没钱了，就硬着头皮去找父亲当年的同学易作梅，借了一百两白银。

结果借的这一百两银子，被曾国藩拿去买了"二十三史"。冲动是魔鬼，买完之后曾国藩傻眼了——身上又没钱了。

怎么办？好在天气渐暖，就当了带去北京的冬衣换路费，穿件汗衫，硬是扛着"二十三史"回了家。

花钱时畅快得意，到家却是近乡情更怯，不敢见老爹。没想到他爹听完后却说买书是好事，钱他乐意还，只是有一个要求，希望曾国藩不要忘记买书的初衷。真是四两拨千斤，聪明呀！

可这一下曾国藩受不了了。当天就发了个毒誓，不把这"二十三史"读透读完，就愧对老爹，畜生不如。

后来，曾国藩每日坚持读十页史书，终身不辍。而且不仅通读，还细心研读，写读书笔记，两年时间，终于把

"二十三史"攻克下来。最终不鸣则已，一鸣惊人，成为湖南曾家历史上第一个考中进士的人。

曾国藩的父亲对曾国藩科考落榜又游山玩水的处理，就是对契机的把握。

其实，在每个孩子成长的过程中，一定都会有这样的契机。作为父母家人，一定要善于捕捉，给孩子心灵上的震撼，引导孩子自发形成良好的行为习惯和科学的思维习惯。

只有自发追求，才可能真正形成好习惯。大人压着、逼着、推着孩子去塑造是没用的，那终究不是内生想法。今天为人父母最大的悲哀，就是总把自己想当然的好东西强加给下一代，认为"我吃的盐比你吃的米都多，我过的桥比你走的路还多。我告诉你这个没错，你只管这么做就行"。

可叹啊！父母们，尤其是年轻父母们，可记得自己年幼时，曾反抗过爹妈强加的东西？强行灌输是大错特错的方法，压根儿是"事倍功无"的方法，不仅收获不了孩子的成长，还会伤害亲子感情。

从决心到恒心，还有一步，叫自我修炼。

"恒"的品质，最终要靠自我养成。

怎么养成呢？曾国藩很喜欢魏晋时期殷浩的一句名言：

"我与我周旋久，宁作我。"意思是，一直以来都以为，人活于世，是在和这个世界周旋，是在和这个社会周旋，到了后半生才彻底明白，人生其实是在跟自己周旋。

这就好比网上的一个段子，说一个年轻人找人算命，算命的说："你的前半生运气不好，没有什么桃花运，一直很孤单。"年轻人一听，很是激动："那后半生呢？""后半生你慢慢就习惯了。"

有人以为这是生活给人的压力，人要被动接受。但按殷浩的观点，则是要在接受的基础上，主动与自己周旋，超越自己，战胜自己。

曾国藩说："人但有恒，事无不成！"并举了个自己戒烟的例子。讲完戒烟的故事后，曾国藩总结道："余向来有无恒之弊，自此次写日课本子起，可保终身有恒矣。"这个故事曾国藩对弟弟说过，对儿子也经常讲。

一般情况下，父亲不好意思跟孩子说起自己的缺点，总觉得好像丢弃了尊严，其实不然。长辈越是与孩子分享错误，就越能让孩子看到丰富真实的自己，也越能打动孩子。后来，曾纪泽自己有了孩子，曾国藩就对曾纪泽说："教之有常，自然有效。""常"就是恒心，意思是只要培养起孩子的恒心，其他就统统不用担心。

每一个"水到渠成"都源自"持之以恒"

说到持之以恒，曾国藩曾经在家训中教育他那几个心高气傲的弟弟说："治军总须脚踏实地，克勤小物，乃可日起而有功。"

"脚踏实地"好理解，"克勤小物"又是什么意思呢？

曾国藩有一篇读书笔记，题目就叫《克勤小物》。曾国藩在这篇笔记里说："古之成大业者，多自克勤小物而来。百尺之栋，基于平地；千丈之帛，一尺一寸之所积也；万石之钟，一铢一两之所累也。"这就是说，"合抱之木，生于毫末；九层之台，起于累土"，凡事需要从小处着手，日积月累，终至功成。

接着，他分别举了周文王和周公旦治国的例子，又举了诸葛亮和杜如晦为政的例子，还举了陶侃和朱熹治学的例子，无非是要说明，这些成就大事业的人虽然志向远大、眼光高踔，但无一不是从小事做起。一件件小事做好做顺，持之以恒，大事业自然也就水到渠成了。治国、为政、治学，甚至生活的各个方面，莫不如是。

反过来，魏晋时期的知识分子崇尚清谈之风就是一种眼高手低的表现，曾国藩评价其为"流风相扇，高心而空腹，尊己而傲物，大事细事皆堕坏于冥昧之中"。就是说，眼高手低最易坏事，有言无行，有志无恒，终究高不成也低不就。

人生充满未知，所以呼唤"恒"之坚韧；

不拘泥于一时一地得失，所以蕴藉"恒"之心境；

全神贯注，全心投入，所以贮藏"恒"之力量；

把握契机，引导孩子成长，所以传递"恒"之希望。

这就是曾国藩所主张的"恒"——曾国藩"教子十法"里最浅显，却也最深刻的要诀，也是今天我们做家长的时时刻刻需要谨记于心，并在教育孩子的过程中不断予以实践的。